"互联网+"时代计算机应用技术与信息化研究

刘艳春　蔺　婷　王怡青◎著

吉林科学技术出版社

图书在版编目（CIP）数据

互联网+时代计算机应用技术与信息化研究／刘艳春，
蔺婷，王怡青著 . -- 长春：吉林科学技术出版社，
2024.8. -- ISBN 978-7-5744-1728-1

Ⅰ. TP3

中国国家版本馆 CIP 数据核字第 2024KB2576 号

互联网＋时代计算机应用技术与信息化研究

著	刘艳春　蔺　婷　王怡青
出 版 人	宛　霞
责任编辑	赵海娇
封面设计	金熙腾达
制　　版	金熙腾达
幅面尺寸	170mm×240mm
开　　本	16
字　　数	226 千字
印　　张	14.5
印　　数	1~1500 册
版　　次	2024年8月第1版
印　　次	2024年12月第1次印刷

出　　版	吉林科学技术出版社
发　　行	吉林科学技术出版社
地　　址	长春市福祉大路5788 号出版大厦A 座
邮　　编	130118
发行部电话/传真	0431-81629529 81629530 81629531
	81629532 81629533 81629534
储运部电话	0431-86059116
编辑部电话	0431-81629510
印　　刷	三河市嵩川印刷有限公司

书　　号	ISBN 978-7-5744-1728-1
定　　价	89.00元

前　言

进入 21 世纪以来，随着信息技术的飞速发展，我们已步入一个全新的时代——"互联网+"时代。这个时代以互联网为核心，融合了大数据、云计算、物联网、人工智能等先进技术，极大地推动了社会生产力的发展和生产关系的变革。计算机应用技术作为信息化建设的基石，其重要性日益凸显，对社会各个领域产生了深远的影响。

首先，计算机技术在提高生产效率方面的作用不容忽视。通过自动化和智能化，计算机技术使得生产过程更加高效，降低了人力成本，提高了产品质量和生产速度。在制造业、农业、服务业等多个领域，计算机技术的应用已成为提高竞争力的关键因素。其次，计算机技术在优化资源配置中扮演着重要角色。通过大数据分析和云计算，我们可以更准确地预测市场需求，更加合理地分配资源，减少浪费。这种智能化的资源管理方式，对于实现可持续发展具有重要意义。最后，计算机技术在促进信息共享和加强社会治理中也发挥着重要作用。"互联网+"时代的信息传播速度极快，计算机技术使得信息的获取和分享变得更加便捷，不仅促进了知识的传播和交流，也为政府和社会提供了更加有效的治理工具。

在这一背景下，本书旨在深入探讨计算机应用技术在"互联网+"时代的发展趋势、应用实践及面临的挑战和机遇。笔者认为，计算机技术不仅仅是一种工具，更是一种推动社会进步和创新的力量。它在提高生产效率、优化资源配置、促进信息共享、加强社会治理等方面发挥着不可替代的作用。本书将从多个角度出发，系统地分析计算机应用技术在"互联网+"时代的应用现状和发展趋势，探讨信息化对社会发展的影响，以及我们如何应对技术发展带来的挑战。笔者希望通过本专著的研究，为读者提供一种全面、深入的视角，以更好地理解和把握"互联网+"时代计算机技术的发展脉络。

目　录

第一章 "互联网+"时代计算机基础知识

计算机是人类 20 世纪的伟大发明之一。从 1946 年第一台通用电子计算机 ENIAC 问世以来，随着计算机科学技术的飞速发展与计算机的普及，如今计算机已经深入人类社会的各个领域，如计算机在国防、农业、工业、教育、医疗等各个行业发挥着不可替代的作用。

第一节 计算机的基本论述

计算机已经融入人们的日常生活、工作、学习和娱乐中，成为不可或缺的工具。计算机和伴随它而来的计算机文化强烈地改变着人们的工作、学习和生活面貌掌握计算机的相关知识并熟练地用于办公，已经成为必不可少的基本技能。

一、应用

随着计算机的普及，计算机的应用已经渗透到各个领域。计算机的主要应用领域可归纳为以下六个方面：

（一）科学计算

科学计算是计算机应用最早的领域，计算量大，数值变化范围大。计算机的计算速度和高精度是其他工具不能替代的。一些现代尖端科学技术的发展都是建立在计算机的基础之上的，如航天工程、气象预测、量子化学等。

（二）数据处理

数据包括文本、数字、图形图像、声音、视频等编码，计算机可加工、管理与操作任何形式的数据资料，如报表统计、物资管理、信息检索等。

（三）过程控制

过程控制是指利用计算机及时采集检测数据，按最佳值迅速地对控制对象进行自动控制或自动调节，如对流水线的控制、对核反应堆的控制等。在日常生产中，计算机可以代替人完成那些烦琐的工作。

（四）人工智能

人工智能是近年来出现的计算机技术，也是指计算机模拟人的智能活动，如模拟人脑学习、判断、推理等过程，辅助人类进行决策。近年来，计算机已具体应用于机器人、图像识别、声音识别等方面。

（五）计算机辅助功能

计算机辅助功能主要有计算机辅助设计（CAD）、计算机辅助制造（CAM）、计算机辅助工程（CAE）、计算机辅助测试（CAT）等。计算机辅助工程是以计算机为工具，配备专用软件，辅助人们完成特定任务，节省了人力、财力、物力，也大大提高了工作效率。

（六）计算机网络

计算机技术与现代通信技术的结合构成了计算机网络，可将不同地点的计算机互联起来，从而实现硬件和软件及数据信息的资源共享。计算机网络的出现打破了地域的限制，改变了人们的生活方式。

二、计算机的硬件系统

一个完整的计算机系统由硬件系统和软件系统组成。计算机硬件系统是指组成计算机的各种物理设备的总称，也是一些实实在在的有形实体。从功能的角度而言，一个完整的硬件系统包括五大功能部件，分别为运算器、控制器、存储器、输入设备和输出设备。这是按冯·诺依曼提出的体系结构划分的。

（一）运算器

运算器负责数据的算术运算和逻辑运算，它接受控制器的控制，按照算术运算规则进行加、减、乘、除等运算，还能进行与、或、非等逻辑运算。运算器由算术逻辑部件、数据累加器、寄存器等部分组成。

（二）控制器

控制器负责提供控制信号，协调并控制各部分操作，是计算机的控制指挥中心。它能识别和翻译指令代码，安排操作的先后顺序，产生操作控制信号，保证计算机各个部件有条不紊地协同工作。

微机中运算器和控制器集成在一个超大规模集成电路芯片上，该芯片叫作中央处理器（Central Processing Unit，CPU）。

（三）存储器

存储器用于存放数据信息和程序，是具有记忆功能的部件。存储器通常可分为内存储器（也称主存储器）和外存储器（也称辅助存储器）。

内存储器用于存放计算机正在运行的程序和数据，由半导体存储器构成，速度快，可直接与 CPU 交换数据，但容量小、价格高。按照工作方式的不同，存储器可分为随机存储器（RAM）和只读存储器（ROM）。

RAM 中的数据可以随时读出和写入，断电后信息全部丢失。通常所讲的内存的大小即为 RAM 的大小。

ROM 中的数据只能读出，不能写入，断电后数据不会丢失。微机中 ROM 一般用来存放机器启动的系统程序，如 BIOS 等。

与内存储器相比，外存储器的速度相对慢些，但容量较大且价格较低，用作内存储器的后援，用于存放暂时不用的数据和程序。外存储器中的数据不能直接被运算器和控制器所访问，但它可和内存储器成批交换信息。现在常用的外存储器有硬盘、U 盘等。

无论外存储器还是内存储器，都有相应的存储容量，一个存储器所能容纳的总字节数称为存储器的容量，存储单位有位、字节和字。

位（bit）：表示一位二进制信息，可以存放 0 或者 1。位是计算机中存储信息的最小单位。

字节（Byte）：表示存储容量的基本单位是字节（B），由 8 个二进制位组成。表示存储容量的单位还有 kB、MB、GB、TB、PB、EB 等，它们的换算关系如下：

kB（千字节）：1 kB = 1 024 B

MB（兆字节）：1 MB = 1 024 kB

GB（吉字节）：1 GB = 1 024 MB

TB（太字节）：1 TB = 1 024 GB

PB（拍字节）：1 PB = 1 024 TB

EB（艾字节）：1 EB = 1 024 PB

其中 1B = 8bit，1024 = 210。

字（word）：一个字通常由一个或多个字节构成，是处理信息的单位。计算机一次存取、加工和传送数据的长度称为字长。计算机的字长越长，其性能越好。

（四）输入设备

输入设备是指外界向计算机传送信息的装置，如键盘、鼠标等。其功能是将数据、程序等这些人们熟悉的形式转换成计算机能够识别的信息输入计算机内部。

1. 鼠标

要灵活使用 Windows，首先要学会使用鼠标。Windows 采用图形用户界面，使用鼠标可以快速地操作各种对象，如果没有鼠标，仅仅靠键盘热键，操作难度较大。

常见的鼠标接口类型有串行口、PS/2 接口、USB 接口。目前，市场上较为常见的有光机式鼠标和光学式鼠标。

一般鼠标的操作有下列六种情形：

（1）指向

鼠标指针指向操作对象。在传统的操作风格中，鼠标指向动作往往是其他动作，如单击、双击的先行动作。

（2）单击

单击鼠标左键，一般在选择时使用，如要执行多项选择，可同时按住 Shift 键连续选择，按住 Ctrl 键不连续选择。

（3）右击

单击鼠标右键，一般用于弹出所选对象的快捷菜单。

（4）拖拽

选定对象后，按住鼠标左键的同时移动鼠标，可改变文字或文件的位置。

（5）双击

快速单击鼠标左键两次，一般用来执行命令。

（6）三击

连续、快速地单击鼠标左键三次。例如在 Word 中可通过三击选定整篇文章。

2. 键盘

键盘是用于操作设备运行的一种指令和数据输入装置。

键盘通常分为主键盘区、编辑键区、功能键区和小键盘键区这四个分区。通过键盘可输入大小写英文字母、数字、汉字、标点符号等到计算机中。

3. 扫描仪

扫描仪是利用光电技术和数字处理技术，以扫描方式将图形或图像信息转换为数字信号的装置。它能够捕获图像并将其转换成计算机可以显示、编辑、存储和输出的数字信息。

影响扫描仪的技术指标有分辨率、灰度级、扫描速度、扫描幅面。

（五）输出设备

输出设备将计算机的数据信息传送到外部媒介，转化成人们认识的表现形式，如显示器、打印机、绘图仪、音箱等。

1. 显示器

显示器由监视器和显示控制适配器组成，是计算机的主要输出设备。其可以分为 CRT（阴极射线管）、LCD（液晶显示器）、LED（发光二极管显示器）等多种类型。它是一种将一定的电子文件通过特定的传输设备显示到屏幕上，再反射到人眼的显示工具。

显示器的主要技术指标有尺寸、点距、分辨率、刷新频率等，具体表述如下。

（1）尺寸，如 14 英寸、15 英寸、17 英寸等（1 英寸＝2.54 厘米）。

（2）点距是指屏幕上相邻两个同色点的距离，点距越小，在单位显示区内就可以显示更多的像点，图像就越清晰。

（3）分辨率是指屏幕能显示像素的数目。像素是可以显示的最小单位。分辨率越高，则像素越大，能显示的图形就越清晰。一般显示器的分辨率有 800×600、640×480、1024×768 等。

（4）刷新频率是指每秒钟内屏幕画面刷新的次数。刷新频率越高，画面闪烁的幅度越小，通常是 75~90 Hz。

2. 打印机

打印机是计算机的输出设备之一其用于将计算机的运算结果或中间结果以人所能识别的数字、字母、符号和图形等信息显示，依照规定的格式印在纸上的设备。打印机逐步正向轻、薄、短、小、低功耗、高速度和智能化方向发展。

打印机的种类有针式打印机（色带）、喷墨打印机（墨盒）、激光打印机（墨粉）。

衡量打印机质量的技术指标为分辨率、速度、噪声。

3. 绘图仪

绘图仪是一种能根据计算机的信息自动绘制图形的设备，主要可绘制各种图表和统计图、建筑设计图、电路布线图、机械图与计算机辅助设计图等。绘图仪是各种计算机辅助设计不可缺少的工具。

绘图仪的种类很多，按结构和工作原理可以分为滚筒式和平台式两大类。

绘图仪的性能指标主要有绘图笔数、图纸尺寸、分辨率、接口形式及绘图语言等。

4. 音箱

音箱是将音频信号变换为声音的一种设备，随着多媒体技术的发展和普及，音箱成为一种必不可少的声音输出设备。音箱的物理模型是在一块无限大的刚性障板上开一个孔并安装扬声器。按箱体结构来分，可分为密封式音箱、倒相式音箱、迷宫式音箱、声波管式音箱和多腔谐振式音箱等；按箱体材质，可分为木质音箱、塑料音箱、金属材质音箱等。

音箱的主要性能指标有频率响应、额定阻抗、功率、灵敏度、指向性、失真、信噪比。

在计算机系统中，各部件是通过总线连接起来的。总线是计算机各个部件之间传输信息的公共通信线路，可分为数据总线、地址总线和控制总线。总线在计算机硬件上的体现即为主板。

三、计算机的软件系统

只有硬件没有装任何软件的计算机称为裸机。裸机是无法按人们的意图自动工作的，要使计算机正常工作，必须装有相应的软件。计算机软件系统是程序、数据和相关文档的总称，也是计算机的灵魂。硬件系统和软件系统相互依存，共同组成可用的计算机系统。

（一）系统软件

系统软件通常是指管理、监控和维护计算机资源（包括硬件资源与软件资源）的一种软件，一般由厂家提供给用户。常用的系统软件有操作系统、程序设计语言、数据库管理系统、网络管理软件等。

操作系统是最重要、最核心的系统软件，可对计算机软、硬件资源进行调度和分配。常见的操作系统有 Windows 系列（如 Windows XP、Windows7 等）、Linux 系列、DOS 等。

数据库管理系统是对计算机中所存储的大量数据进行组织、管理、查询并提供一定处理功能的大型系统软件，如 SQL Server、Oracle 等。

（二）应用软件

应用软件是指计算机用户在各自的业务领域中开发和使用的解决各种实际问题的程序。常用的应用软件可以根据其应用领域分为很多类。例如针对文字处理的软件 Word、WPS 等；图像制作软件 Photoshop、CorelDraw 等；动画制作软件 Flash、3ds Max 等。

第二节　计算机数据的存储与表示

一、存储器概述

就像人们的大脑需要一个特殊的区域进行信息的存储和记忆一样，计算机系统也需要一个类似功能的部件，称为存储器（Memory）。存储器是计算机系统的记忆设备，专门用来存放程序和数据。计算机中的全部信息，包括输入的原始数据和程序、中间运行结果与最终运行结果等，都需要保存在存储器中。存储器根据控制器的命令在指定的位置存入与取出程序代码和数据。

（一）主存储器

主存储器是计算机的内部存储器，简称内存或主存。主存主要用于存放正在执行中的程序及数据等，所以主存是衡量计算机性能的一个重要技术指标。

主存储器是以存储单元为管理单位组织起来的，一个典型计算机系统，主存储单元容量是 8 位。对此，可理解为：1 位即一个二进制数位（0 或 1），称为字位（bit），它是计算机存储数据的最小单位，通常用 "b" 表示。1b 只能表示 2^1 = 2 种状态，如可以用 0 表示对（True）、用 1 表示错（False）两种结论。如果要表示更多的信息，就需要把多个位组合起来作为一个整体来使用。例如 3 位就可以表示（000，001，010，011，100，101，110，111），即 2^3 = 8 种状态。而将 8 个二进制位组合起来作为一个整体，称为 1 个字节（Byte），通常用 "B" 表示，可以表示 2^8 = 256 种状态，它是计算机进行数据处理的基本单位。为方便对字节的描述，通常假设一个字节的 8 个位是排成一行的，而且行的左端称为高位端，右端称为低位端。高位端的最左一位 b7 称为最高有效位，低位端的最右一位 b0 称为最低有效位。

因此，"主存储单元的容量是 8 位" 意思就是主存储单元是以字节为单位的。构成主存储器的存储单元总数称为主存储器的容量，它是以字节数来度量的，而且随着存储容量的不断增大，这种度量单位也随之增加。通常为了方便设计，取主存储器的存储单元的总数为 2 的幂，2 = 1 024，接近数值 1000，所以采用前缀千（kilo）来表示这个单位。也就是说术语千字节（kilo-Byte，简写 kB）表示 1 024（2^{10}）字节，用兆字节（Mega-Byte）表示 1 048 576（2^{20}）字节、吉字节（Giga-Byte）表示 1 073 741 824（2^{30}）字节等。

CPU 与存储器或输入/输出设备之间一次传送的二进制数据的位数，称为字长，它是字节的整倍数。不同计算机系统字长有所不同，常见的有 32 位和 64 位的。显然，字长越长，即一次传送的二进制数据的位数越多，运算速度就越快；字长越长，即可以表示的状态越多，运算精度就越高，数据的表示范围也越大。所以，字长是衡量计算机性能的一个重要技术指标。

类似于人们生活中的房屋，每间房屋都要有门牌号码，以方便定位和查找。构成主存储器的每个存储单元都应被赋予唯一的"标识"或"编号"（称为地址，address），这样也给存储单元之间赋予了位置顺序的概念。

通常把请求从存储器中得到指定存储单元的内容称为读操作；请求将某个二进制的串存放到指定存储单元里称为写操作。对指定存储单元里的信息既可读取也可改写，并且在任何时刻访问任何存储单元所花费的时间是一样的存储器称为随机存储器（Random Access Memory，RAM），也称为读写存储器。由于主存储器是由独立的、可编址的存储单元组成的，且可以用任意顺序存取存储单元的内容，所以主存储器也常被称为随机存储器。

实际上，主存储器的大部分通常由 DRAM 构成，除此之外，还包括有一定容量的 ROM 及 CMOS RAM。其中，DRAM（Dynamic RAM，动态 RAM）靠电容来存储信息，所以需要附加"刷新电路"给电容反复补充电子；否则，无论机器是否有电，它的信息都会丢失。ROM（Read-Only Memory，只读存储器）里面的信息只能读出，而且在使用时是不能改变的。ROM 的特点是计算机断电后存储器中的数据仍然存在，被用于存储固定不变的程序、汉字字型库、字符及图形符号等。

目前，台式计算机的 DRAM 基本上是以内存条的形式安装在主板上，而且是机器正常启动所必需的设备之一，其常见容量有 1G、2G 等。它的优点在于用户可根据需求以增加或减少内存条的方法来调整内存容量。当然，增加内存条的前提是存在较多的内存条插槽。

（二）外部存储器

主存容量总是有限的，而且不可能长期保存信息，因为一旦断电，RAM 中的信息就会全部消失。为了解决这些问题，应用虚拟存储技术引入了一级大容量并能够长期保存信息的存储器，称为辅助存储器，也称为外存。

计算机工作时，一般由内存 ROM 中的引导程序启动程序，再从外存中读取系统程序和应用程序，然后送到内存的 RAM 中，程序运行的中间结果放在 RAM 中，程序的最终结果存入外部存储器（也称外存）。

外存，如硬盘、磁带、U 盘、移动硬盘等，用于存放需要保存及不经常使用的程序和数据。与内存相比，外存的存储容量大，所存的信息既可以修改也可以保存，但存取速度慢。同时，它们的读写访问方式完全不同，对内存的访问是以存储单元为单位进行的（微机的一个存储单元通常是一个字节），而对外存的访问则是以存储块（即扇区）为单位进行的（一个存储块可以包含成百上千字节）。当 CPU 在运行的过程中需要处理存放在外存中的数据时，这些数据将会被传送到内存，再由内存与 CPU 交换信息。因此，外存不能与 CPU 直接交换信息。

高速缓冲和虚拟存储技术的应用，使整个存储系统有了较高的读写速度、尽可能大的存储容量、相对较低的制造和运行成本。

1. 硬磁盘存储器

磁介质存储器是通过电子方法控制磁介质表面的磁化，达到记录数字化信息目的的存储器。常用的磁介质存储器有硬磁盘存储器、磁带存储器等。

目前常用的硬盘有固定式硬盘和移动式硬盘两类。固定式硬盘又称为温式硬盘（Winchester，温切斯特），一般位置固定在主机箱内，常见容量有 40G、80G、160G 等。移动式硬盘是一种闪存盘，它采用标准 USB 接口，并支持即插即用（Plug and Play，PnP）。

硬磁盘存储器由磁盘盘片、硬盘驱动器（俗称硬驱，是读写装置）和硬盘控制器三部分组成，并集成为一体，是一种非常精密的机电装置，俗称硬盘。一块硬盘一般由多个涂有磁性材料的盘片组成，这些盘片"串"在一根轴上，两个盘片之间仅留出安置磁头的位置。

所有盘片之间是绝对平行的，都固定在一个旋转轴上，这个轴即盘片主轴。

在每个盘片的存储面上都有一个磁头，磁头与盘片之间的距离比头发丝的直径还小。所有的磁头连在一个磁头控制器上，由磁头控制器负责各个磁头的运动。磁头可沿盘片的半径方向动作，而盘片以每分钟数千转到上万转的速度高速旋转，这样磁头就能对盘片上的指定位置进行数据的读写操作。

硬盘的工作原理是利用特定的磁粒子的极性来记录数据。磁头在读取数据时，将磁粒子的不同极性转换成不同的电脉冲信号，再利用数据转换器将这些原始信号变成电脑可以使用的数据，写的操作正好与此相反。

一块新的空白硬磁盘存储器在使用前必须为它划分磁道和扇区，并建立为使用该磁盘所必需的各种引导和识别信息，这一过程称为磁盘的初始化或格式化。

硬盘数据的管理单位分别是记录面、磁道、柱面和扇区。

（1）记录面

硬盘中每一张盘片的上下两面都能记录信息，称为记录面。硬盘的磁头数与记录面数相同。

（2）磁道

记录面上一系列的同心圆，称为磁道。磁道是从外向内依次编号的，最外圈的磁道为 0 磁道，它是一个有着特殊用途的磁道。

（3）柱面

所有盘片具有相同编号的磁道构成的面，称为柱面。柱面数就等同于每个盘面上的磁道数。

（4）扇区

磁道被划分成一个个楔形区，称为扇区。扇区既可以连续编号，也可以间隔编号。通常每个扇区的容量为 512Byte。

2. 磁带存储器

磁带存储器由磁带和磁带机两部分组成。磁带分为开盘式磁带和盒式磁带。前者用于大中型机，后者多用于微型机。单盘磁带的存储容量达 GB 以上，并具有 20 年以上的安全保存时间。

3. 光盘存储器

光介质存储器是利用光学方式进行读写数字化信息的存储器，目前，使用最多的是光盘存储器。

光盘存储器由光盘盘片（Compact Disk 高密度盘，简称 CD，光盘）、光盘控制器和光盘驱动器（简称光驱）三部分组成。如果按照性能和用途的不同可分为 CD-ROM 存储器（只读光盘存储器）、CD-RW 光盘刻录机（可重写光盘存储器）及 DVD-ROM 存储器（数字化视频光盘存储器）。随着 CD 技术的发展，目前的焦点集中在主要用于影音多媒体领域的 DVD-ROM 上，这类光驱既能读取 DVD 光盘，也能读取 CD 光盘。

CD-ROM（Compact Disk Read Only Memory，只读光盘），它由制造商在出厂前预先写入数据，并且这些数据将永久保存在盘上不可修改。

CD-R（Recordable，俗称金盘），采用 WORM 标准（Write Once Read Many），其特点是出厂为空白光盘，允许用户一次性写入，而且只能写一次数据，之后将永久存在盘上不可修改。它的材料与只读型光盘有很大的不同，是磁光材料。

DVD-ROM（Digital Versatile Disc，数字化视频光盘，也称高容量 CD），DVD 密度较高，主要用于存放视频图像。

DVD+RW（可读写的 DVD 光盘）。

光盘的主要特点有以下几点：

（1）存储容量大，一张 4.72 英寸 CD-ROM 的容量一般在 650~700MB，一张 DVD 的盘片容量在 4.7~17.7GB。

（2）可靠性高，不可重写光盘上的信息是不可能被更改的。

（3）高速存取，目前 DVD 最大传输速率为 2MB/s。

4. U 盘

U 盘，全称"USB 闪存盘"，英文名"USB Flash Disk"。U 盘的称呼最早来源于朗科公司生产的一种新型存储设备"优盘"，由于朗科已进行了产品的专利注册，之后生产的类似技术的设备就不能再称为"优盘"，因而改称谐音的"U 盘"。因为 U 盘这个称呼简单易记，所以广为人知。U 盘是一个不需要物理驱动器的微型高容量移动存储产品，可以通过标准的 USB 接口与电脑连接，实现即插即用。

U 盘的组成很简单，由外壳、机芯、闪存和包装组成。外壳按材料分类，有塑胶、金属、皮套、硅胶、竹木、PVC 等。机芯包括 PCB 板、主控芯片、晶振、阻容电容、USB 头、LED 头和 Flash（闪存）芯片。包装一般有纸盒包装、塑胶盒包装和金属盒包装，对一些特殊外形的 PVC 优盘，有时会专门制作配套的外包装。

主控芯片是 U 盘的"大脑"，负责各部件的协调管理和下达各项动作指令，并使计算机能将 U 盘识别为"可移动磁盘"。PCB 底板是 U 盘的"躯干"，用于提供相应处理数据的平台，且将各部件连接在一起。

闪存（Flash Memory）是一种长寿命非易失性（也就是在断电情况下仍能保持所存储的数据信息）的存储器，数据删除不是以单个的字节为单位，而是以固定的区块为单位，区块大小一般为 256 kB～20 MB。闪存是电子可擦除只读存储器（EEPROM）的变种，闪存与 EEPROM 不同的是，它能在字节水平上进行删除和重写，而不是整个芯片擦写，这样闪存就比 EEPROM 的更新速度更快。Flash 芯片与内存条的原理基本相同，是保存数据的实体。其特点是断电后数据不会丢失，数据能长期保存。

USB 端口负责连接电脑，是数据输入或输出的通道。USB 是一种常用的 PC 接口，只有 4 根线：2 根电源线、2 根信号线。因为信号是串行传输的，USB 接口也称为串行口，USB 2.0 的速度可以达到 480 Mb/s。USB 3.0 则是由英特尔等大公司发起的最新的 USB 规范，USB 3.0 也被认为是 SuperSpeed USB，为那些与 PC 或音频/高频设备相连接的各种设备提供了一个标准接口。USB 3.0 可以在存储器所限定的存储速率下传输大容量文件，HD 电影。采用 USB 3.0 的闪存驱动器可以在 15 秒内将 1 GB 的数据转移到一台主机，而 USB 2.0 则需要 43 秒。

U 盘的最大优点就是小巧便于携带、价格便宜、存储容量大、性能可靠。U 盘体积很小，仅大拇指般大小，重量极轻，一般在 15 克左右，特别适合随身携带。一般的 U 盘容量有 1G、2G、4G、8G、16G、32G、64G 等。U 盘中没有任何机械式装置，抗震性能极强，还具有防潮、防磁、耐高、低温等特性，安全可靠性很好。

5. 移动硬盘

作为存储极具代表性的移动硬盘产品，正成为必备的 IT 数码装备，这是信息化发展的必然产物。

移动硬盘可以提供相当大的存储容量，是一种性价比很高的移动存储产品。

市场中的移动硬盘产品能提供 320GB、500GB、600GB、640GB、900GB、1000GB（1 TB）、1.5TB、2TB、2.5TB、3TB、3.5TB、4TB 等，最高可达 12 TB 的容量。

目前主流移动硬盘的接口主要有：并口、USB 2.0、IEEE 1394、ESATA 及 USB 3.0。USB 接口的移动硬盘是目前的主流产品，其最大的优点是使用方便、支持热插拔和即插即用，在 Windows 下无须安装驱动程序即可正常工作。根据标准的不同，USB 接口分为 1.1、2.0 及 3.0 标准，它们之间最大的区别就是传输速度不同，USB 1.1 接口的传输速度只有 12 Mb/s，USB 2.0 接口的传输速度可达 480Mb/s，而 USB 3.0 接口的传输速度高达 5 Gb/s。当然，USB 接口的这个速度值只是理论值，实际上是不可能达到的，真正在传输数据的时候，传输速度还受到其他方面的制约。

移动硬盘行业发展的趋势是，产品体积最小化，容量最大化，1 英寸微型硬盘已可以提供超过 4 GB 的存储空间，而其盘体仅有 5 分钱人民币硬币大小；数据存取速度加快，USB 3.0 接口的传输速度高达 5 Gb/s；整合多种技术，实用性增强，多媒体移动硬盘可以播放高清电影，连上网线可直接下载电影；数据保密性、稳定性等作为产品的卖点成为厂商追逐的目标；移动硬盘的外观除了体积上越来越小，轻巧可爱以外，其材质的性能、手感、色彩，以及产品的外形是否时尚都成为设计的重点。

（三）高速缓冲存储器

尽管技术不断进步，主存储器存取速度还是比中央处理器运行速度慢得多，妨碍了中央处理器高速处理能力的体现，整个计算机系统的工作效率得不到提高。事实上，有很多方法可用来缓解中央处理器和主存储器之间速度不匹配的矛盾，在存储层次上采用高速缓冲存储器就是常用的方法之一。很多大、中型计算机及一些小型机、微型机都采用了高速缓冲存储器。

一般来说，高速缓冲存储器的容量只有主存储器的几百分之一，但它的存取速度能与中央处理器相匹配。根据程序局部性原理，正在使用的主存储器某一单元邻近的那些单元将被访问到的可能性很大。因而，当中央处理器存取主存储器某一单元时，计算机硬件就会自动地将包括该单元在内的那一组单元内容调入高速缓冲存储器进行存储，中央处理器即将存取的主存储器单元很可能就在刚刚调入高速缓冲存储器的那一组单元内。于是，中央处理器就可以直接对高速缓冲存储器进行存取。在整个存取过程中，如果中央处理器绝大多数存取主存储器单元的操作能被存取高速缓冲存储器所代替，计算机系统整体处理速度就能得到显著提高。但有一点需要说明，增加高速缓冲存储器只是加快了 CPU 访问主存储器的速度，而 CPU 访问主存储器只是计算机整个操作的一部分，所以增加高速缓冲存储器对系统整体速度只能提高 10%～20%。

高速缓冲存储器是存在于主存与 CPU 之间的一级存储器。Cache 自身往往又是一个多层次的结构，常见的有一级 Cache 和二级 Cache。一级 Cache 由双极型 RAM 构成，位于 CPU 的内部；二级 Cache 由静态 RAM 构成，位于 CPU 的外部，且目前更多的是与 CPU 封装在一起。相对而言，一级 Cache 比二级 Cache 存取速度较快、容量较小。

以上大致分析了高速缓冲存储器，以下介绍双极型 RAM 和静态 RAM。

按制造工艺的不同，可将 RAM 分为 BRAM（Bipolar RAM，双极型 RAM）和 MOS RAM（Metal-Oxide-Semiconductor RAM，金属氧化物半导体 RAM，也称为单极型 RAM）两类。

双极型 RAM 的存取速度高、集成度较低、功耗大、成本高，适用于速度要求高的场合，如一级高速缓冲存储器。

单极型 RAM 又可进一步分为 SRAM（Static RAM，静态 RAM）和 DRAM（Dynamic RAM，动态 RAM）。其中，静态 RAM 的性能介于双极型 RAM 与动态 RAM 之间，它不需要刷新，适用于对存取速度要求较高场合，如二级高速缓冲存储器；动态 RAM 的存取速度较双极型和静态型慢，集成度高、功耗低、价格便宜，一般适用于需要较大存储容量的场合，如内部存储器。动态 RAM 的基本单元由 1TIC 构成，也就是一个晶体管加一个电容的结构。由于其电容需要保持一定电荷量来有效地存储信息，需要附加一个能够反复补充电子的"刷新电路"，所以不可能持续缩小动态 RAM 的尺寸。因此，业界一直在寻找可以用于制造 DRAM 的无电容器件技术，而半浮栅晶体管（Semi-Floating-Gate Transistor，SFGT）构成的 DRAM 不需要电容器便可实现传统 DRAM 的全部功能，不但成本大幅降低，而且集成度更高，读写速度更快。SFGT 是一种基于标准硅 CMOS 工艺的微电子器件。

特别需要注意的是，不管是哪一类 RAM，只要断电，存储的信息都将消失。

（四）BIOS 和 CMOS

1. BIOS（Basic Input Output System，基本输入输出系统）

造成全球多处电脑严重受损的 CIH 病毒为例。CIH 病毒以的做法是破坏主板的 BIOS，使 BIOS 不能正常工作，不能完成电脑启动时的硬件自检、配置和引导，强迫我们更换 BIOS 或整个主板。此病毒的危害很大，同时也证明了 BIOS 在电脑中很重要。以下将阐述 BIOS 相关内容。

BIOS 相当于计算机硬件与软件程序之间的一座桥梁，它本身其实就是一组程序。我们对它最直观的认识就是 POST（Power on System Test）功能。当我们打开计算机，接通电源之后，BIOS 将进行其内部所有设备的自检，包括对 CPU、内存、主板、只读存储器、CMOS 存储器、并行和串行通信子系统、软盘和硬盘子系统、键盘等的自检。自检测试完成之后，将在指定的驱动器中寻找操作系统，并将操作系统装入内存，计算机将在操作系统的控制下进行正常工作。

系统 BIOS 是被固化在 EEPROM（可擦除、可编程 ROM）芯片中的一组程序，它和 EEPROM 合称为固件。BIOS 的主要功能是为计算机提供最底层的、最直接的硬件设置和控制。

BIOS 程序包括开机后的系统加电自检程序，负责测试整个微机系统能否正常工作；装入引导程序，负责系统初始化、启动操作系统；Setup 程序，负责装入或更新 CMOS 芯片保存的系统设置参数；时钟控制程序等。用户在系统加电且尚未进入操作系统时，按特定的热键（一般为 Del 键）可以进入 Setup 程序，进而手工修改 CMOS 数据。

目前，市面上较流行的主板 BIOS 主要有 Award BIOS、AMI BIOS、Phoenix BIOS 三种类型。

2. CMOS（Complementary Metal Oxide Semiconductor，互补金属氧化物半导体）计算机需要保存一些能够正常启动和运行的配置信息，如硬盘驱动器的类型，日期、时间及其他启动计算机所需要的相关信息等。这些信息不需要频繁变化，但又不能一成不变，在升级或更换设备时要适当变化。因此，我们需要一个存储器来保存计算机能够正常工作的相关配置信息，CMOS 存储器正好可以做这个事情。CMOS 存储器在计算机关机后仍能维持其中存储的信息，而且 CMOS 中的信息也可以改变，如计算机更换硬盘之后，可以通过执行 CMOS 配置程序与机器交互，更改 CMOS 中原来存储的信息。

CMOS 是主板上的一块可读写的 RAM 芯片，用来保存当前系统的硬件配置和用户对参数的设定，其内容可通过设置程序进行读写。CMOS 芯片由主板上的纽扣电池供电，即使系统断电，参数也不会丢失。CMOS 芯片只有保存数据的功能，而对 CMOS 中各项参数的修改要通过 BIOS 中的设定程序来实现。

BIOS 与 CMOS 有关系又有不同，不能混淆二者。BIOS 是一组设置参数信息的电脑程序，保存在主板上的一块 EPROM 或 EEPROM 芯片中，里面装有系统的重要信息和设置系统参数的设置程序——BIOS Setup 程序。BIOS 中的系统参数设置程序是完成 CMOS 参数设置的手段，CMOS RAM 既是 BIOS 设定系统参数的存放场所，又是 BIOS 设定系统参数的结果。因此，完整的说法应该是"通过 BIOS 设置程序对 CMOS 参数进行设置"。

二、存储技术

（一）存储体系结构

存储器是计算机的主要部件之一，关系到计算机的整机性能，其容量、速度、价格是存储器设计时所要考虑的三个重要因素。随着微电子和计算机技术的迅猛发展，存储器从器件到体系结构都发生了巨大的变化，近年来更是出现了许多类型的存储器，有的速度快但容量小，有的容量大但速度慢。一般来说，速度快的存储器容量小，但价格高。

为满足 CPU 对高速度大容量存储器的需求，使 CPU 尽可能发挥效率，又不过高地增加成本，所以无论大、中小型机还是微型机，都是采用层次化的存储器体系结构。

计算机的存储层次或存储体系的概念就是把各种不同存储容量、不同存取速度、不同价格的存储器，组成层次结构，并通过管理软件和辅助硬件将不同性能的存储器组合成有机的整体，协同工作。

现代微型计算机多采用"高速缓冲存储器—内存—外存"三级存储体系结构。

高速缓冲存储器位置介于 CPU 和内存之间，其特点是存储容量小，速度与 CPU 匹配，用来存放 10%~20%的常用程序或数据；内存的特点是与 CPU 直接连接，存储容量比高速缓冲存储器大，速度较外存快，用于存储执行中的程序与数据；外存的特点是存储容量很大，有时也称为海量存储器，用来存储暂不执行的程序或不被处理的数据。CPU 要使用外存的信息时，必须先将该信息传送到内存。

（二）虚拟存储

尽管随着技术的进步，我们不断地加大主存容量，提高存取速度，但在程序运行时仍然会感觉受限于主存的容量。为了解决这个问题，虚拟存储技术便应运而生了。

虚拟存储技术将主存和辅存的地址空间统一编址，把辅存的一部分当作主存来用，形成一个庞大的存储空间。用户编程时，完全不必考虑程序在主存中是否装得下，或者放在辅存中的程序如何调入主存。用户感觉到的是一个容量充分大的存储器，这样的存储体系称为"虚拟存储器"。

虚拟存储器是建立在主存—辅存（外存）物理结构基础上的，以透明的方式给用户提供了一个比实际主存空间大得多的程序地址空间。它是由负责信息划分主存—辅存之间信息调度的辅助硬件及操作系统的存储管理软件所组成的一种存储体系。虚拟存储器能使计算机具有辅存的容量，且接近于主存的速度。

三、计算机数据的表示

（一）数字化信息的编码

1. 编码的概念

日常生活中，我们使用 10 个阿拉伯数码"0~9"进行计数和各种数值运算，如 129、568 等；西方语言使用 26 个英文字母"a~z"组成词汇（如 hello）和语句（如 I am a teacher），并进行交流，这些实质上都是编码的应用。而所谓信息编码，就是采用有限的基本符号，通过某个确定的规则，对这些基本符号加以组合，用来描述更大量的信息数据。因此，信息编码的两大要素是基本符号的种类及符号组合的规则。

2. 数字化信息编码概念

在计算机内部，数据都是用"0"和"1"两个基本符号（即基 2 码）来编码表示的。我们需要把文本、图像、声音、视频等转化用"0""1"来表示的形式，称为对这些信息数据的数字化。而把文本、图像、声音、视频等以"0""1"符号按照一定的组合规则表示，就称为数字化信息的编码。由此，计算机即可进行存储和运算处理，最后，输出时再将这些数据还原为原来的信息形式。

3. 位模式的概念

通常把一个序列的位称为位流。计算机采用位流的模式（简称位模式）存储数据，也就是说，使用位模式可以表示任何一个符号，如 1101 0001 111 0011；而表示符号的过程称为编码。

位模式的长度取决于符号的数量，位模式长度与表示的字符的个数关系见表 1-1。字节实际上就是长度为 8 的位模式。

表 1-1　位模式长度与表示的字符的个数关系

位模式长度 N	符号个数 2N
1	2
2	4
3	8
…	…
16	65 536

（二）进制的表示

进位制/位置计数法是一种计数方式，亦称进位计数法/位置计数法，可以用有限的数字符号代表所有的数值。可使用数字符号的数目称为基数或底数。基数为 n，即可称 n 进位制，简称 n 进制。对于任何一个数，我们可以用不同的进位制来表示。比如十进数（25）10，可以用二进制表示为（11 001）2，也可以用八进制表示为（31）8，用十六进制表示为（19）16，它们所代表的数值都是一样的。

人们平时最常用的是十进制，通常使用 10 个阿拉伯数字 "0~9" 进行计数；计算机内部使用的是二进制，只有两个数码 "0" 和 "1"；专业人员习惯使用十六进制和八进制。

（三）常用的数制

进位计数制的三个要素是数位、基数、位权。

数位是指数码在一个数中所处的位置。一种进制中，只能使用一组固定的数字来表示数目的大小，具体使用多少个数字符号来表示数目的大小，就称为该数制的基数。位权是指在某种进位计数制中，每个数位上的数码所代表的数值的大小，等于在这个数位上的数码乘上一固定的数值。这个固定的数值就是这种进位计数制中该数位上的位权。

（四）数制转换

计算机内部采用二进制，程序设计人员多采用十六进制或八进制，一般用户则习惯使用十进制，因此利用计算机处理数据时，经常需要在进制之间进行互换。

1. 将任意进制转换为十进制

如果我们用 $+（a_{n-1}a_{n-2}\cdots a_0 a_{-1}a_{-2}\cdots a_{-m}）$ 来表示一个 J 进制的数值，那么，将它转换为十进制数值的一般通式为：

$$N = \pm（a_{n-1} \times J^{n-1} + a_{n-2} \times J^{n-2} + \cdots + a_0 \times J^0 + a_{-1} \times J^{-1} + a_{-2} \times J^{-2} + \cdots + a_{-m} \times J^{-n}）$$

2. 十进制换为其他进制

具体方法：将数据的整数与小数两部分分别进行处理。其中，整数部分的处理方法为 "除基数取余法"，取余（数）的次序为最后得出的余数位居最高位；对小数部分的处理则采用 "乘基数取整法"，取整（数）的次序为首先获取的整数位于小数点后第一位。

3. 八进制、十六进制、二进制的互转换

二进制数向八进制数转换时，以小数点为分界线，整数部分由右至左，小数部分由左至右，3 位二进制数组成 1 位八进制数，不足 3 位补 0；反之，八进制数转换为二进制数时，是将 1 位八进制数拆分成 3 位二进制数。

二进制数向十六进制数转换时，以小数点为分界线，整数部分由右至左，小数部分由左至右，4 位二进制数组成 1 位十六进制数，不足 4 位补 0；反之，十六进制数转换为二进制数时，是将 1 位十六进制数拆分成 4 位二进制数。

八进制与十六进制间的转换通常以十进制或二进制为中介。其中，由于它们与二进制间的转换更容易，所以使用最为广泛。

第三节　计算思维与计算机语言

一、计算思维

（一）计算思维概述

1. 计算思维的内涵

计算思维是指运用计算机科学的基础概念进行问题求解、系统设计及人类行为理解等涵盖计算机科学的广度的一系列思维活动。计算思维建立在计算过程的能力和限制之上，由人或机器执行。计算思维的本质是抽象和自动化。

计算思维中的抽象完全超越物理的时空观，并完全用符号来表示，与数学和物理科学相比，计算思维中的抽象显得更为丰富、也更为复杂。在计算思维中，抽象就是要求能够对问题进行抽象表示、形式化表达（这些是计算机的本质），设计问题求解过程要精确、可行，并通过程序（软件）作为方法和手段对求解过程予以"精确"的实现。也就是说，抽象的最终结果是能够机械地步步自动执行。

2. 计算思维的操作性定义

计算思维的操作性定义来源于应用研究，主要讨论计算思维在跨学科领域中的具体表现、如何应用及如何培养等问题。与概念性定义的学科专业特点不同，操作性定义注重的是如何将理论研究的成果进行实践推广、跨学科迁移，以产生实际的作用，使之更容易被大众理解、接受和掌握。当前，国内广大师生对计算思维研究最为关注的方面，不是计算思维的系统理论，而是如何将计算思维培养落地、在各个领域中如何产生作用。通过总结分析各家之言，计算思维的操作性定义主要包括以下三个方面：

（1）计算思维是问题解决的过程

"计算思维是问题解决的过程"这一认识是对计算思维被人所掌握之后，在行动或思维过程中表现出来的形式化的描述，这一过程不仅能够体现在编程过程中，还能体现在更广泛的情境中。周以真认为，计算思维是制定一个问题及其解决方案，并使之能够通过计算机（人或机器）有效地执行的思考过程。计算思维作为问题解决的过程，包括（不限于）以下步骤：

①界定问题，该问题应能运用计算机及其他工具帮助解决。

②要符合逻辑地组织和分析数据。

③通过抽象（如模型、仿真等方式）再现数据。

④通过算法思想（一系列有序的步骤）形成自动化解决方案。

⑤识别、分析和实施可能的解决方案，从而找到能有效结合过程和资源的最优方案。

⑥将该问题的求解过程进行推广并移植到广泛的问题中。

由此可见，作为问题解决的过程，计算思维先于任何计算技术早已被人们所掌握。在新的信息时代，计算思维能力的展示遵循最基本的问题解决过程，而这一过程需要能被人类的新工具（即计算机）所理解并能有效执行。因此，计算思维决定了人类能否更加有效地利用计算机拓展能力，它是信息时代最重要的思维形式之一。

（2）计算思维要素的具体体现

计算思维作为问题解决的过程，不仅需要利用数据和大量计算科学的概念，还需要调度和整合各种有效思维要素。思维要素作为理论研究和应用研究的桥梁，提炼于理论研究，服务于应用研究，抽象的计算思维概念只有分解成具体的思维要素才能有效地指导和应用于研究与实践。

（3）计算思维体现出的素质

素质是指人与生俱来的及通过后天培养、塑造、锻炼而获得的身体和人格上的性质特点，是对人的品质、态度、习惯等方面的综合概括。具备计算思维的人在面对问题的时候，除了使用计算思维能力加以解决之外，在解决的过程中还表现出一定的素质。例如处理复杂情况的自信，对模糊/不确定的容忍，处理开放性问题的能力，与其他人一起努力实现共同目标的能力。

具备计算思维能力，能够改变或者使学习者养成某些特定的素质，进而从另一层面影响学习者在实际生活中的表现。这些素质实际上描绘了一个高度发达的信息社会中合格公民的形象，使普通人对计算思维有了更加深入和形象的理解。

以上三个方面共同构成了计算思维的操作性定义。操作性定义明确了计算思维这个抽象概念在实际活动中现实而具体的体现（包括能力和品质），使这一概念可观测、可评价，从而直接为教育培养过程提供有效的参考。

3. 计算思维完整的定义

计算思维的理论研究与应用研究密切相关、相辅相成，共同构成了对计算思维的完整研究。理论研究的成果转化为应用研究中的理论背景给予实践支撑，应用研究的成果转化为理论研究中的研究对象和材料。计算思维的概念性定义植根于计算科学学科领域，同时与思维科学、哲学交叉，从计算科学出发形成对计算思维的理解和认识，适用于指导对计算思维本身进行的理论研究。计算思维操作性定义适用于对计算思维能力的培养及计算思维的应用研究，计算思维的应用和培养是以实际问题为前提的，在实际理解和解决问题的过程中体会、发展和养成计算思维能力。因此，计算思维的概念性定义和操作性定义彼此支撑和互补，共同构成计算思维的完整定义。计算思维的完整定义指导了计算思维在计算科学学科领域及跨学科领域中的研究、发展和实践。

（1）狭义计算思维和广义计算思维

随着信息技术的发展，人类从农业社会、工业社会步入了信息社会，这不仅意味着经济、文化的发展，同时人类思维形式也发生了巨大的变化。除"计算思维"概念外，人们还提出了"网络思维""互联网思维""移动互联网思维""数据思维""大数据思维"等新的思维形式概念。如果将概念性定义和操作性定义组成的计算思维称为狭义计算思维，则由信息技术带来的更广泛的新的思维形式可称为广义计算思维或信息思维。现代人除了需要具备计算机基础知识和基本操作能力以外，还应该以这些知识能力为载体，在广义和狭义的计算思维能力上得到发展。

（2）计算思维的两种表现形式

计算思维作为抽象的思维能力，不能被直接观察到，计算思维能力融合在解决问题的过程中。其具体的表现形式有如下两种：

①运用或模拟计算机科学与技术（信息科学与技术）的基本概念、设计原理，模仿计算机专家（科学家、工程师）处理问题的思维方式，将实际问题转化（抽象）为计算机能够处理的形式（模型）进行问题求解的思维活动。

②运用或模拟计算机科学与技术（信息科学与技术）的基本概念、设计原理，模仿计算机（系统、网络）的运行模式或工作方式，进行问题求解、创新创意的思维活动。

4. 计算思维的方法和特征

思维方法是在吸取了问题解决所采用的一般数学思维方法，现实世界中巨大复杂系统的设计与评估的一般工程思维方法，以及复杂性、智能、心理、人类行为的理解等的一般科学思维方法的基础上所形成的。周以真教授将其归纳为如下七类方法：

（1）计算思维是通过约简、嵌入、转化和仿真等方法，把一个看来困难的问题重新阐释成一个我们知道问题怎样解决的思维方法。

（2）计算思维是一种递归思维。它是一种并行处理，能把代码译成数据又能把数据译成代码，也是一种多维分析推广的类型检查方法。

（3）计算思维是一种采用抽象和分解来控制庞杂的任务或进行巨大复杂系统设计的方法，也是基于关注点分离的方法。

（4）计算思维是一种选择合适的方式去陈述一个问题，或对一个问题的相关方面建模使其易于处理的思维方法。

（5）计算思维是按照预防、保护及通过冗余、容错、纠错的方式，并从最坏情况进行系统恢复的一种思维方法。

（6）计算思维是利用启发式推理寻求解答，即在不确定情况下的规划、学习和调度的思维方法。

（7）计算思维是利用海量数据来加快计算，在时间和空间之间、在处理能力和存储容量之间进行调节的思维方法。

（二） 计算思维基本理论

目前，理论思维、实验思维、计算思维并称为三大科学思维。理论思维以推理和演绎为特征，以数学学科为代表，公理化方法是理论思维的基础方法。实验思维以观察和总结社会现象、自然规律为特征，以物理学科为代表。实验思维最重要的是设计实验，收集、获取实验数据并进行分析，以发现社会、自然的规律。计算思维则是以设计和构造为特征，以计算机学科为代表，以自动计算为手段研究社会自然现象及规律。

计算思维面对的最根本问题是"什么是可计算的"。当我们必须求解一个特定问题时，首先会问："解决这个问题有多么困难？怎样才是最佳的解决方法？"计算机科学根据坚实的理论基础来准确地回答这些问题。表述问题的难度就是工具的基本能力，必须考虑的因素包括机器的指令系统、资源约束和操作环境。计算思维是通过简化、转换和仿真等方法，把一个看起来困难的问题重新阐释成一个人们知道怎样解决的问题。

计算思维的本质是抽象和自动化。计算思维采用抽象和分解来面对庞杂的任务或者设计巨大复杂的系统。它关注的是分离（SOC 方法）。其会选择合适的方式去陈述一个问题，或者选择合适的方式对一个问题的相关方面建模使其易于处理。

计算思维包含如下特征：

1. 概念化，不是程序化

计算机科学不是计算机编程。像计算机科学家那样去思维意味着不仅能够为计算机编程，还要求能够在抽象的多个层次上思维。

2. 根本的技能，不是刻板的技能

根本技能是每个人为了在现代社会中发挥职能所必须掌握的。刻板技能意味着机械地重复。具有讽刺意味的是，当计算机像人类一样思考之后，思维可就真的变成机械的了。

3. 它是人类而不是计算机的思维方式

计算思维是人类求解问题的一条途径，但绝非要使人类像计算机那样去思考。

4. 数学和工程思维的互补与融合

计算机科学在本质上源自数学思维，其形式化基础建筑于数学之上。计算机科学又从本质上源自工程思维，因为我们建造的是能够与实际世界互动的系统，基本计算设备的限制迫使计算机学家必须计算性地思考，不能只是数学性地思考。构建虚拟世界的自由使我们能够设计超越物理世界的各种系统。

5. 它是思想，不是人造物

不只是我们生产的软件、硬件等人造物将以物理形式到处呈现并时时刻刻触及我们的生活，更重要的是还将有我们用以接近和求解问题、管理日常生活、与他人交流和互动的计算概念。而且面向所有的人、所有地方，当计算思维真正融入人类活动的整体而不再表现为一种显式哲学的时候，它就将成为一种现实。

虽然计算思维较晚才受到关注，但它在当今社会的发展中起着举足轻重的作用。计算思维是每个人的基本技能，不是只属于计算机科学家。具备计算思维的学生在信息活动中能够采用计算机可以处理的方式界定问题，抽象问题特征，建立结构模型，合理组织数据；通过判断、分析和综合各种信息资源，运用算法设计解决问题的方案；总结利用计算机解决问题的过程与方法，并将其迁移到与其相关的其他问题的解决中。因此，计算思维是每个学生必须掌握的基本技能。

（三）抽象

抽象是通过分析与综合的途径，运用概念在人脑中再现对象的质和本质的方法，也是一个实体外部特征与其内部构成细节之间的分离。抽象思维是人们在认识活动中运用概念、判断、推理等思维形式，对客观现实进行间接的、概括的反映的过程。抽象是任何一门科学乃至全部人类思维都具有的特性，也是一种基本的认知过程和思维方式。

抽象概念贯穿于计算机科学的研究和计算机系统的设计，抽象可以使人们忽略复杂系统（如计算机）的内部细节，而把它们作为单一可理解的单元。例如在研究计算机科学理论时，可以将计算机系统抽象为一个图灵机，能够对输入的程序数据进行处理，并输出结果。

抽象是对事物进行人为处理，抽取关联的、共同的、本质特征的属性，并对这些事物和特征属性进行描述，从而大大降低系统元素的绝对数量。

（四）分解

分解思维就是采用分治法将难以直接解决的大而复杂的问题分解为容易求解的小问题，然后将小问题的解合并为大问题的解。

对复杂系统进行模块分解的原则是高内聚、低耦合，须满足以下条件：

第一，模块之间相对独立，连接尽可能少，接口清晰。

第二，模块规模合理，内部功能聚合，便于独立设计。

第三，将功能相似的模块设计成共享模块。例如在进行计算机设计时，将计算机分解为控制器、运算器、存储器、输入设备和输出设备五大部件。

二、计算机语言

计算机语言是实现程序设计，以便人与计算机进行信息交流的必备工具，又称程序设计语言。

在计算机程序设计时使用到的计算机语言，到目前为止已经由低级到高级经历了机器语言、汇编语言、高级语言的发展过程。

（一）机器语言

微机内部所有的信息都是采用二进制 0 和 1 的位串表示的，机器指令就是计算机能够直接识别和执行的一组二进制代码。

对某种特定的计算机而言，其所有机器指令的集合，称为该计算机的机器指令系统。它既是提供用户编制程序的基本依据，也是进行计算机逻辑计算的基本依据。指令系统的性能如何，决定了计算机系统的基本功能。机器指令系统及其使用规则构成这种计算机的机器语言。完成特定功能的一系列机器指令的有序集合，称为机器语言程序。

机器语言具有以下特征：

第一，它是唯一能够被计算机直接识别并执行的语言。

第二，它是由 0、1 代码构成的语言，和自然语言相差甚远，不便于阅读和理解。

第三，它是面向机器的语言。

（二）汇编语言概述

采用容易记忆的英文符号名（称为助记符）来表示的机器语言，称为汇编指令。例如用 ADD、SUBJMP 等英文文字或其缩写形式来表示加减、转移等指令操作。计算机中每一条机器指令都对应一条汇编指令，所有汇编指令的集合构成了计算机的汇编指令系统。此处重点强调以下四点：

1. 汇编语言指令

汇编语言指令又称为符号指令，是机器指令符号化的表示。

2. 汇编语言

汇编语言由汇编语言指令、汇编语言伪指令及汇编语言的语法规则组成。

3. 汇编语言源程序

按照严格的语言规则用汇编语言编写的程序，称为汇编语言源程序或源程序。

4. 汇编程序

把汇编语言源程序翻译成目标程序的语言加工程序称为汇编程序。把汇编程序进行翻译的过程叫作汇编。将汇编程序翻译成机器语言后，才能交付计算机硬件系统加以识别和执行。汇编程序是为计算机配置的，实现把汇编语言源程序翻译成目标程序的一种系统软件。

汇编语言具有以下特征：

第一，以机器指令的助记符表示，较接近自然语言，较容易编程、阅读和记忆。

第二，翻译程序是一对一的转换，生成的目标代码效率高。

第三，适合于在硬件层次上开发程序。

（三）高级语言

高级程序设计语言接近人类自然语言的语法习惯，与计算机硬件无关，用户易于掌握和使用。目前，广泛应用的高级语言有多种，如 BASIC、FORTRAN、PASCAL. C、C++等。同样的道理，用高级语言书写的源程序也必须由汇编程序翻译成机器指令目标代码。高级语言具有以下特征：

第一，更接近于自然语言，编程、阅读更容易。

第二，与计算机硬件系统无关，一个计算机系统是否支持该高级语言只取决于有无相应的编译软件。

第三，生成的目标代码效率低。

（四）程序设计过程

1. 程序设计的一般步骤

（1）确定数据结构

依据任务提出的要求，规划输入数据和输出的结果，确定存放数据的数据结构。

（2）确定算法

针对所确定的数据结构确定解决问题的步骤。

（3）编程

根据算法和数据结构，用程序设计语言编写程序，存入计算机中。

（4）调试

在编译程序环境下编译、调试源程序，修改语法错误和逻辑错误，直至程序运行成功。

2. 算法

所谓算法，是为解决某一特定问题而给出的一系列确切的、有限的操作步骤。程序设计的主要工作是算法设计，有了一个好的算法，就会产生质量较好的程序。程序实际上是用计算机语言所描述的算法。也就是说，依据算法所给定的步骤，用计算机语言规定的表达形式去实现这些步骤，即为源程序。

目前，对算法一般采用自然语言、一般流程图、N-S结构流程图等来描述。

第二章　计算机网络技术与安全

计算机网络技术是实现设备间数据交换和资源共享的科学，包括网络设计、协议开发和硬件配置。网络安全则侧重于保护网络和数据不受未授权访问和攻击，涉及加密、防火墙和入侵检测等技术。这两者相辅相成，共同构建了现代信息社会的基础设施。

第一节　计算机网络技术概述

一、计算机网络

（一）计算机网络的定义

计算机网络是一些相互连接的，以共享资源为目的的，自治的计算机的集合。

网络，是指由计算机或者其他信息终端及相关设备组成的按照一定的规则和程序对信息进行收集、存储、传输、交换、处理的系统。

计算机网络的目的是通过信息传递，实现资源共享。计算机网络连接的设备，包括但不限于计算机，还可以是智能手机、智能电器等。这里强调智能，是因为随着硬件价格的下降，能够接入网络的终端跟计算机没有太大区别。它们都具有 CPU 和操作系统，因此"终端"和"自治的计算机"逐渐失去了严格的界限。

总的来说，计算机网络的组成基本上包括：计算机、网络操作系统、传输介质（包括有线的，如同轴电缆、双绞线和光纤等；无线的，如通信卫星和微波等），以及相应的应用软件四个部分。

（二）计算机网络的功能

计算机网络（简称网络）是计算机技术和通信技术紧密结合的产物。它使得不同地理位置的计算机连接起来，实现数据信息的快速传递，这样大大加强了计算机本身的处理能力。计算机网络具有单个计算机所不具备的功能，具体包括以下方面。

1. 数据交换和通信

通信功能是计算机网络最基本的功能，也是网络其他各种功能的基础，所以通信功能是计算机网络最重要的功能。数据交换是指计算机网络中的计算机之间或计算机与终端之间，可以快速地相互传递各类信息，包括数据信息、图形、图像、声音和视频流等多媒体信息。例如，我们可以通过 E-mail 向远方的朋友发送电子邮件；通过微信、QQ 等工具实现聊天、传送文件资料等功能；电子数据交换将贸易、运输、保险、银行、海关等行业信息用一种国际公认的标准格式，通过计算机网络，实现各企业之间的数据交换，并完成以贸易为中心的业务全过程。

2. 资源共享

资源是指构成系统的所有要素，包括硬件资源、软件资源和数据资源等。之所以提出共享这一概念，是因为计算机的许多资源十分昂贵，如高速打印机、大容量磁盘、数据库、通信线路、文件及其他计算机上的有关信息。为了减少用户投资，提高计算机资源的利用率，用户可通过接入计算机网络共享这些资源。这是计算机网络的目标之一。

（1）硬件资源

各种类型的计算机、大容量存储设备、计算机外围设备，如网络打印机、绘图仪等。

（2）软件资源

各种应用软件、工具软件、系统开发所用的支撑软件、语言处理程序、数据库管理系统等。

（3）数据资源

数据库文件、数据库、办公文档资料等。

（4）信道资源

通信信道可以理解为电信号的传输介质。通信信道的共享是计算机网络中最重要的共享资源之一。

3. 提高系统的可靠性

在一个系统中，当某台计算机、某个部件或某个程序出现故障时，必须通过替换资源的办法来维持系统的继续运行，以避免系统瘫痪。而在计算机网络中，各计算机可以通过网络互为备份，当某一处计算机发生故障时，可由别处的计算机代为处理，还可以在网络的一些节点上设置一定的备用设备，作为全网络的公用后备，这样极大地提高了计算机网络的可靠性和可用性。

4. 网络分布式处理与均衡负载

网络分布式处理，是指利用网络技术将许多小型机或微型机连成具有高性能的分布式计算机系统，通过采用合适的算法，把要处理的任务分配到网络中地理上分散的计算机上运行，使得它具有解决复杂问题的能力。这样，不仅可以降低软件设计的复杂性，还可以大大提高工作效率和降低成本。

当网络中某台计算机的任务负载太重时，通过网络和应用程序的控制和管理，将任务分配到较空闲的计算机上去处理，或由网络中比较空闲的计算机分担负荷，保证整个网络资源相互协作，充分利用计算机资源，就叫作均衡负载。

5. 集中管理

计算机单机使用时，每台计算机都是一个"信息孤岛"。在管理这些计算机时，必须分别管理。而在计算机网络中，可以在某个中心位置实现对整个网络的管理，如军事指挥系统、交通指挥平台等。

6. 综合信息服务

将分散在网络系统中各计算机上的数据资料信息收集起来，从而达到对分散的数据资料进行综合分析处理，并把正确的分析结果反馈给各相关用户的目的。

二、计算机网络领域新技术

（一）云计算

关于云计算的定义有很多种说法，现阶段广为接受的定义是：云计算是一种按使用量付费的服务模式。这种模式提供可用的、便捷的、按需的网络访问，进入可配置的计算资源（包括网络、服务器、存储、应用软件和服务）共享池。这些资源能够被快速提供，只须做很少的管理工作，或与服务供应商进行很少的交互。

云计算的基本原理是，通过计算分布在大量的分布式计算机上，而非本地计算机或远程服务器中的数据，企业数据中心的运行将与互联网更相似。这使得企业能够将资源切换到需要的应用上，根据需求访问计算机和存储系统。

1. 云计算的主要特点

（1）超大规模

"云计算管理系统"通常具有较大的规模，亚马逊公有云已经拥有上百万台服务器，阿里云拥有几十万台服务器。企业私有云一般拥有数百上千台服务器，"云"能赋予用户前所未有的计算能力。

（2）虚拟化

云计算支持用户在任意位置使用各种终端获取应用服务。所请求的资源来自"云"，而不是固定的有形实体，应用在"云"中某处运行，但实际上用户无须了解，也不用担心应用运行的具体位置。只需要一台笔记本式计算机或一部智能手机，就可以通过网络服务来获取人们需要的一切，甚至包括超级计算这样的任务。

（3）高可靠性

"云"使用了数据多副本容错、计算节点同构可互换等措施来保障服务的高可靠性，使用云计算比使用本地计算机更可靠。

（4）通用性

云计算不针对特定的应用，在"云"的支撑下可以构造出千变万化的应用，同一个"云"可以同时支撑不同的应用运行。

（5）高可扩展性

"云"的规模可以动态伸缩，满足应用和用户规模增长的需要。

（6）按需服务

"云"是一个庞大的资源池，可按需购买；云可以像自来水、电、煤气那样计费。

(7) 廉价

由于"云"的特殊容错措施，可以采用极其廉价的节点来构成云，用户可以通过云服务获取自己想要的资源，省去了自己建设数据中心高昂的管理成本，因此用户可以充分享受"云"的低成本优势。

2. 云计算的服务模式

云服务是云计算的核心内容，同时是云计算技术实现和业务应用的结合点。云服务是基于互联网的相关服务的增加、使用和交付模式，同时涉及通过互联网来提供动态易扩展且经常是虚拟化的资源。通常由云计算平台提供者将 IT 能力以面向用户的服务形式来进行包装和集成，通过云管理平台和 Internet 或 Intranet 渠道向云服务用户来提供的一种服务。服务形式包括基础设施即服务（Infrastructure as a Service，IaaS）、台即服务（Platform as a Service，PaaS）和软件即服务（Software as a Service，SaaS）。

（1）IaaS 基础设施即服务

用户通过 Internet 可以从完善的计算机基础设施获得服务。如 IBM 计算云与亚马逊的弹性计算云为个人和企业客户提供虚拟服务器及虚拟存储的服务，并通过 Internet 实现计算资源的按需付费的理念。

（2）PaaS 平台即服务

实际上是指将软件研发的平台作为一种服务，以 SaaS 的模式提交给用户。因此，PaaS 也是 SaaS 模式的一种应用。但是，PaaS 的出现可以加快 SaaS 的发展，尤其是加快 SaaS 应用的开发速度。PaaS 所提供的服务与其他的服务最根本的区别是 PaaS 提供的是一个基础平台，而不是某种应用。例如软件的个性化订制开发。

（3）SaaS 软件即服务

SaaS 软件即服务是一种通过 Internet 提供软件的模式，厂商将应用软件统一部署在自己的服务器上，用户无须购买软件，而是向提供商租用基于 Web 的软件来管理企业经营活动，如百度云服务器。

3. 云计算的部署模式

云计算部署模式有三种：公有云、私有云和混合云模式。

（1）公有云

公有云通常指第三方提供商为用户提供的能够使用的云。公有云一般可通过 Internet 使用，可能是免费或成本低廉的。公有云的核心属性是共享资源服务，它所有的服务是供别人使用，而不是自己使用。目前，典型的公有云有亚马逊的 AWS、微软的 Windows Azure Platform，以及国内的阿里云等。

对使用者而言，公有云的最大优点是，其所应用的程序、服务及相关数据都存放在公有云的提供者处，自己无须做相应的投资和建设。同时，这种模式在私人信息和数据保护方面也比较有保证。这种部署模型通常都可以提供可扩展的云服务，并能高效设置。

（2）私有云

私有云专门为某一个企业服务，它所有的服务不是供别人使用，而是供企业内部人员或分支机构使用。相对于公有云而言，私有云部署在企业内部，因此其建设、管理都由企业自己花钱，同时其数据的安全性、系统可用性都由自己控制。

私有云的部署比较适合于有众多分支机构的大型企业或政府机构。随着这些大型企业数据中心的集中化，私有云将会成为它们部署 IT 系统的主流模式。

（3）混合云

混合云是两种以上的云计算模式的混合体，它将公有云和私有云结合在一起。它所提供的服务既可以供自己使用，也可以供别人使用。混合云有助于提高所需的、外部供应的扩展。用公有云的资源扩充私有云的能力，可用来在发生工作负荷快速波动时维持服务水平，可用来处理预期的工作负荷高峰。相比较而言，混合云的部署方式对提供者的要求较高。

（二）大数据

随着云时代的来临，大数据也吸引了越来越多的关注。大数据的定义是：需要新处理模式才能具有更强的决策力、洞察力和流程优化能力来适应海量、高增长率和多样化的信息资产。

从技术角度看，大数据与云计算像一枚硬币的正反面一样不可分割。因为处理海量的数据是无法用单台计算机实现的，必然用到分布式计算架构。大数据本身并没有用，通常需要对海量数据进行挖掘。但这种挖掘必须依托云计算的分布式处理、分布式数据库、云存储、虚拟化技术。

1. 大数据的重要价值

对大数据的处理分析正成为新一代信息技术融合应用的节点。随着移动互联网、物联网、社交网络、电子商务等新一代信息技术的发展应用，不断产生大量数据。云计算为这些海量、多样化的大数据提供存储和运算平台。通过对不同来源数据进行管理、处理、分析与优化，将结果反馈到上述应用中，将创造出巨大的经济价值和社会价值。

大数据是信息产业持续高速增长的新引擎。面向大数据市场的新技术、新产品、新服务、新业态会不断涌现。硬件方面，大数据将对芯片、存储产业产生重要影响，还将有利于内存计算、数据存储处理服务器等市场；软件方面，将促进数据快速处理分析、数据挖掘计算和软件产品的发展。

大数据利用将成为提高核心竞争力的关键因素。各行各业的决策正在从"业务驱动"变为"数据驱动"。数据驱动分为数据获取、数据挖掘分析、商业预测与商业决策。其中，数据获取是基础，商业决策的价值量最高。

大数据时代科学研究的方法手段将发生重大改变。在大数据时代，可通过实时监测、跟踪研究对象在互联网上产生的海量行为数据，通过数据挖掘算法分析，找出有价值的信息，提出研究结论和对策。

2. 大数据的主要特点

（1）数据体量巨大

数量量级从 TB 级别，跃升到 PB（1PB＝1024TB）级别，如仅百度首页导航每天需要提供的数据就超过 1.5PB。

（2）数据类型多样

现在的数据类型不仅是文本形式，更多的是图片、视频、音频、地理位置信息等多类型的数据，个性化数据占绝对多数。例如，很多公司创造的大量非结构化和半结构化数据，这些数据下载到关系型数据库用于分析时会花费较多的时间和金钱。

（3）处理速度快

处理速度指获取数据的速度，数据处理遵循"1秒定律"，可从各种类型的数据中快速获得高价值的信息。

（4）价值密度低

以视频为例，1 小时的视频，在不间断的监控过程中，可能有用的数据仅有一两秒。

3. 大数据的分析方法

大数据最核心的价值就在于对海量数据进行存储和分析，只有通过分析才能获取很多智能的、深入的和有价值的信息。所以，大数据的分析方法在大数据领域就显得尤为重要，大数据分析是在研究大量数据的过程中寻找模式、相关性和其他有用的信息，从而帮助企业更好地适应变化，并做出更明智的决策。大数据主要有以下五种分析方法。

（1）可视化分析

从用户使用角度看，大数据分析的使用者有大数据分析专家，同时还有普通用户，二者对于大数据分析最基本的要求就是可视化分析。可视化分析能够直观地呈现大数据特点，简单明了，便于被用户接受。

（2）数据挖掘算法

大数据分析的理论核心就是数据挖掘算法，各种数据挖掘的算法基于不同的数据类型和格式才能更加科学地呈现出数据本身具备的特点，也正是这些被全世界统计学家所公认的各种统计方法才能深入数据内部，挖掘出公认的价值。采用这些数据挖掘的算法能更快速地处理大数据，如果一个算法得花上好几年才能得出结论，那么大数据也就失去了价值。

（3）预测性分析

大数据分析最重要的目标之一就是预测性分析。从大数据中挖掘出有价值的信息，通过科学地建立模型，便可以通过模型带入新的数据，从而预测未来的数据。

（4）语义引擎

数据挖掘中很多数据是非结构化数据或半结构化数据。这给数据分析带来新的挑战，它需要一套工具系统地去分析、提炼数据。语义引擎需要有足够的人工智能，以从数据中主动地提取信息。

（5）数据质量和数据管理

大数据分析离不开数据质量和数据管理，高质量的数据和有效的数据管理，无论是在学术研究还是在商业应用领域，都能够保证分析结果的真实、有价值。

4. 大数据的处理过程

大数据的处理包括以下四个步骤。

（1）采集

大数据的采集是指将分布的、异构数据源中的数据抽取到中间层后进行清洗、转换、集成，最后加载到数据仓库或数据集成中，成为联机分析处理、数据挖掘的基础。目前，数据库大多采用关系型数据库，数据在采集过程中，为了应对并发数高、数据量大的问题，需要在采集端部署大量数据库才能支撑，同时还须考虑数据库之间进行负载均衡和分片的问题，如电子商务网站和火车票售票网站。

（2）导入/预处理

采集端采集到的数据，数据量巨大，不能直接对这些海量数据进行有效的分析，需要先将来自前端的数据导入一个集中的大型分布式数据库，或者分布式存储集群，之后再做一些简单的清洗和预处理工作。

（3）统计/分析

统计与分析主要利用分布式数据库，或分布式计算集群来对存储于其内的海量数据进行普通的分析和分类汇总等，以满足大多数常见的分析需求。该过程的主要特点和挑战是分析涉及的数量大，其对系统资源，特别是 I/O 会有极大的占用。常用的分析方法，如实时性需求会用到 EMC 的 GreenPlum、Oracle 的 Exadata，以及基于 MySQL 的列式存储 infobright 等，而一些批处理，或者基于半结构化数据的需求可以使用 Hadoop。

（4）挖掘

挖掘环节主要通过各种算法进行计算，实现一些高级别数据分析的需求，从而得出一些预测。典型的算法有聚类算法 K-means、贝叶斯分类器 Naive Bayes，主要使用的工具有 Hadoop 的 Mahout 等。

（三）物联网

按照国际电信联盟的定义，物联网主要解决物品与物品、人与物品、人与人之间的互联。它的本质还是互联网，只不过终端不再是计算机，而是嵌入式计算机系统及其配套的传感器。这有两层含义：一是物联网的核心和基础仍然是互联网，是在互联网基础上的延伸和扩展的网络；二是用户终端延伸、扩展到了任意物品与物品之间，并进行信息交换和通信，也就是物物相息。

物联网以互联网为基础，通过各种传感技术，如射频识别（Radio Frequency Identification，RFID）技术、传感器技术和 GPS 技术等，添加各种通信技术，将任何物体接入互联网，实现远程监视、控制、自动报警等功能，进而实现管理、控制和营运一体化的一种网络。

目前，国际上公认的物联网定义是：通过 RFID、红外感应器、全球定位系统和激光扫描器等信息传感设备，按约定的协议，把任何物品与互联网相连接，进行信息交换和通信，以实现对物品的智能化识别、定位、跟踪、监控和管理的一种网络。

1. 物联网的关键技术

（1）网络通信技术

网络通信技术包含很多重要技术，其中机器对机器（Machine to Machine，M2M）技术最为关键。它用来表示机器对机器之间的连接与通信。从功能和潜在用途角度看，M2M 引起了整个"物联网"的产生。

（2）传感器技术

计算机处理的是数字信号，这就需要传感器把模拟信号转换成数字信号。这是计算机应用中的关键技术。

（3）RFID 标签

RFID 标签也是一种传感技术，它融合了无线射频技术和嵌入式技术，并在自动识别、物品物流管理中有着广泛应用。

（4）嵌入式系统技术

嵌入式系统是融计算机软硬件、传感器技术、集成电路技术和电子应用技术为一体的复杂技术。目前，身边的智能终端设备随处可见，这些设备都以嵌入式系统为特征。有人把物联网用人体做了一个形象的比喻，如果将传感器比喻为人的眼睛、鼻子和皮肤等器官，网络相当于神经系统用来传递信息，而嵌入式系统则是人的大脑，负责分类处理接收到的信息。可见，嵌入式系统在物联网中的位置和作用。

2. 物联网的主要特征

（1）全面感知

通过 RFID、传感器和二维码等随时随地获取物体的信息。物联网上部署了海量的多种类型传感器，每个传感器都是一个信息源，不同类型的传感器所捕获的信息内容和信息格式不同，而且实时采集数据，并按一定的频率周期性地采集环境信息，不断更新数据。

（2）可靠传递

通过各种电信网络与互联网的融合，将物体的信息实时准确地传递出去。前面提到物联网是以互联网为基础的，通过各种有线和无线网络与互联网融合，将传感器定时采集的信息实时准确地传递出去。

（3）智能处理

物联网不仅提供了传感器的连接，其本身也具有智能处理的能力，能够对物体实时智能控制。物联网将传感器和智能处理结合起来，利用云计算、模糊识别等各种智能计算技术，对海量的数据和信息进行分析、加工和处理，得出有意义的数据，以适应不同用户的需求，发现新的应用领域和应用模式。

3. 物联网的应用模式

根据物联网的实质用途，物联网可以归结为以下三种基本应用模式。

（1）对象的智能标签

目前，广泛使用的二维码、RFID 等技术标识特定的对象，用于区分对象个体，如扫二维码收付款、生活中使用的各种智能卡和门禁卡等都是用来获得对象的识别信息。

（2）对象的智能控制

物联网基于云计算平台和智能网络，可以依据传感器网络获取的数据进行决策，改变对象的行为，进行控制和反馈。例如，根据车辆的流量，自动调整红绿灯间隔，路灯根据光线的强弱自动调整亮度等。

（3）环境监控和对象跟踪

利用多种类型的传感器和分布广泛的传感器网络，可以实现对某个对象的实时状态进行获取和对特定对象行为进行监控。例如，环境监测站通过二氧化碳传感器监控大气中二氧化碳浓度，噪声探头监测噪声污染，驾车过程中导航通过

GPS 标签跟踪车辆位置，通过交通路口的摄像头捕捉实时交通情况等。

（四）"互联网+"

"互联网+"就是"互联网+各个传统行业"，但这并不是简单的两者相加，而是以互联网为主的一整套信息技术（包括移动互联网、云计算和大数据技术等）在经济、社会生活各部门的扩散、应用过程，让互联网与传统行业进行深度融合，创造新的发展生态。

"互联网+"的本质是传统产业的在线化、数据化。网络零售、在线批发、跨境电商、共享单车等所做的工作都是努力实现交易的在线化。只有商品、人和交易行为迁移到互联网上，才能实现"在线化"，只有做到"在线"才能形成"活的"数据，才能随时调用和挖掘。在线化的数据流动性最强，不会像以往一样仅仅封闭在某个部门或企业内部。在线数据随时可以在产业上下游、协作主体之间以最低的成本流动和交换。数据只有流动起来，其价值才能最大限度地发挥出来。

1. "互联网+"的主要特征

（1）跨界融合

"互联网+"里面的"+"就是跨界，就是变革，就是开放，就是重塑融合。敢于跨界了，创新的基础就更坚实；融合协同了，群体智能才会实现，从研发到产业化的路径才会更垂直。

（2）创新驱动

中国粗放的资源驱动型增长方式难以为继，必须转变到创新驱动发展这条正确的道路上来。也就是说经济增长主要依靠科学技术的创新带来的效益来实现集约的增长方式，用技术变革提高生产要素的产出率。这正是互联网的特质，用互联网思维来求变、自我革命，也更能发挥创新的力量。

（3）重塑结构

信息革命、全球化、互联网业已打破原有的社会结构、经济结构、地缘结构和文化结构，权力、议事规则、话语权在不断发生变化。""互联网+"社会治理"、虚拟社会治理将会有很大的不同。

（4）尊重人性

人性的光辉是推动科技进步、经济增长、社会进步、文化繁荣的最根本的力量，互联网的力量之所以强大，最根本原因是对人性最大限度的尊重、对人体验的敬畏、对人的创造性发挥的重视。如用户原创内容、分享经济等。

（5）开放生态

互联网是一个生态系统，而生态的本身就是开放的。在推进"互联网+"时，其中一个重要的方向就是要把过去制约创新的环节化解掉，把孤岛式创新连接起来，让研发由人性决定市场驱动，让创业及努力者有机会实现价值。

（6）连接一切

连接一切是"互联网+"的目标，但连接是有层次的，连接性是有差异的，连接的价值也是相差很大的。

2. "互联网+"的发展趋势

（1）政府推动"互联网+"落实

"互联网+"一经提出，政府就非常积极和重视。在今后长期的"互联网+"实施过程中，政府将扮演的是一个引领者与推动者的角色：①发现那些符合政策且做得好的企业并将其立为标杆，让其起到模范带头作用；②挖掘那些有潜力的企业，在将来能够发展成为"互联网+"型企业；③资源对接，与各大互联网企业建立长期的资讯、帮扶、人才交流等关系，在交流中让互联网企业与传统企业相互交流，便于进一步合作；④结合各地实际情况，建立更新、更接地气的"互联网+"产业园及孵化器，融合当地资源打造一批具备互联网思维的企业。

（2）"互联网+"服务商崛起

未来会出现一大批在政府与企业之间的第三方服务企业，这些企业有的以互联网企业为主，有的由传统企业转型过来成为"互联网+"服务商。这是一种类似于中介的角色，为"互联网+"的企业提供咨询、培训、招聘、方案设计、设备引进等服务。第三方服务涉及的领域有电商平台、云系统、大数据等软件服务商、智能设备商、3D打印、机器人等。

（3）电商平台受到热捧

在电商方面，平台型电商及生态型电商会广受关注。传统企业在转型初期，为了避免自搭平台运营失败，很多会选择加入一个平台或者生态，便于积累部分资源并学习其运营模式，也能更好地认知自身的资源优势与不足，通过与其他商家合作，了解整体产业链布局，建立格局观。这有利于传统企业找到转型突破点，以后才能以点带面，企业自身也有可能发展成为一个生态。更多的平台或生态出现以后，"互联网+"要做的只是生态与平台的对接，更有利于行业的整体升级。

（4）供应链平台更受重视

供应链涉及物流、现金流等各种维持企业运营的重要因素，很多传统企业在现在看来无法改造，尤其是更底层的供应链改造是个非常困难的问题。因此，"互联网+"要求有一部分专门研究供应链设计及改造的服务商为传统企业设计新商业模式主架构，使其互联网化。这也是供应链的优化与升级。

（5）创业生态及孵化器深耕"互联网+"

在"大众创业，万众创新"的时代，政府牵头推出"互联网+"政策有两点原因：一是因为当前全面创业是时代趋势，大部分创业项目或多或少都与移动互联网相关；二是为了推动更多的互联网创业项目的产生。在政策的激励下，会有更多的互联网创业项目出现，传统的创业项目也就越来越好，以此来解决行业的升级。所以，接下来各地的孵化器将会主推"互联网+"项目。

（6）加速传统企业的并购与收购

在传统企业转型过程中，实践证明，入股与并购是传统企业互联网化最简单快捷的方式。直接收购互联网企业，企业的全部业务打包性地与传统企业对接，相当于互联网业务外包但又是内部的公司，双方的业务及职工又不受冲击，可谓一举多得。

（7）促进就业和职业培训

随着"互联网+"创业项目的增多，对"互联网+"技术人才的需求也会增多，会催生大量的专业技术从业者，这个职业群体的构成会是成熟的技术人员及运营人员，更多的是通过培训上岗的人员。这将大大地促进就业，同时衍生出更多关于"互联网+"的培训及特训的职业线上线下教育。"互联网+"职业培训主要面向两个群体：一是对传统企业在职员工的培训；二是对想从事该行业的人员的培训。

（8）促进部分互联网企业快速落地

在过去，多数是互联网企业主动找传统企业，希望切入传统市场，在谈及的条件等方面非常被动，互联网企业在线上无法解决盈利问题的时候，这些企业就有落地线下的趋势。"互联网+"则会让传统企业主动找互联网企业，促成过去这些商家做不到或者不敢想的事情，这将加速互联网企业快速落地。

第二节　计算机网络的物理安全技术

一、计算机网络物理安全概述

（一）计算机网络物理安全的威胁

物理安全又叫实体安全，是保护计算机设备、设施（网络及通信线路）免遭地震、水灾、火灾、有害气体与其他环境事故（如电磁污染等）破坏的措施和过程。实体安全技术主要是指对计算机及网络系统的环境、场地、设备和通信线路等采取的安全技术措施。物理安全技术实施的目的是保护计算机及通信线路免遭水、火、有害气体和其他不利因素（人为失误、犯罪行为）的损坏。

影响计算机网络实体安全的主要因素有：计算机及其网络系统自身存在的脆弱性因素，各种自然灾害导致的安全问题，由于人为的错误操作及各种计算机犯罪导致的安全问题。物理安全应该建立在一个具有层次的防御模型上，即多个物理安全控制器应在一个层次结构中同时起作用。如果某一层被打破了，那么其他层还可以保证物理设备的安全。层次保护次序应该从外到内实现。

物理安全的实现要通过适当的设备构建：火灾和水灾破坏的防范，适当的供暖、通风和空调控制，防盗机制，入侵检测系统和一些不断坚持和加强的安全操作程序。实现这种安全的因素包括良好的、物理的、技术的和管理上的控制机制。

所谓"安全"，包括保护人和硬件。通过提供一个安全的和可以预见的工作环境，安全机制应该能够提高工作效率。它使得员工能够专注于自己手头的工作，那些破坏者也将因为犯罪风险的增大而转向更加容易的目标。

与计算机和信息安全相比，物理安全要考虑一套不同的系统的脆弱性方面的问题。这些脆弱性与物理上的破坏、入侵者、环境因素，或员工错误地运用了他们的特权并对数据或系统造成了意外的破坏等方面有关。当安全专家谈到"计算机"安全的时候，说的是一个人如何能够通过一个端口或者调制解调器以一种未经授权的方式进入一个计算机网络环境。当谈到"物理"安全的时候，他们考虑的是一个人如何能够物理地进入一个计算机网络环境及环境因素是如何影响系统的。

物理安全所面临的主要威胁有偷盗、服务中断、物理损坏、对系统完整性的损害，以及未经授权的信息泄露等方面。

1. 偷盗

物理上的偷盗通常造成计算机或者其他设备的失窃。替换这些被盗设备的费用再加上恢复损失的数据的费用，就决定了失窃所带来的真实损失。在许多时候，企业只会准备一份硬件的清单，它们的价值被加入风险分析中去，以决定如果这个设备被偷盗或损坏将带来巨大的损失。然而，这些设备中保留的信息可能比设备本身更有价值，因此，为了得到一个更加实际和公正的评估，合适的恢复机制和步骤也需要被纳入风险分析中。

2. 服务中断

服务中断包括计算机服务的中断、电力和水源供应的中断，以及无线电通信的中断。我们必须考虑到这些情况，并且必须提供相应的应急措施。这些因素带来了在业务活动持续性和灾难恢复计划方面的一系列问题，同时也带来了物理安全方面所考虑的问题。设想一个计算机网络失去了电力的供应，那么它们的电子安全系统和计算机控制的入侵检测系统都将不起作用，这使得一个入侵者能够轻松地进入。因此，应该考虑到一个备用的发电机或者一套备用的安全机制，而且应该为之准备适当的经费。

3. 物理损坏

根据对通信服务的依赖程度及可能需要备份的措施来保证冗余性，或者在适当的时候激活备用的通信电路。假设一家公司为一个大的软件制造商提供呼叫中心，那么如果它的电话通信突然中断一段时间，软件制造商的收益就会受到影响。股票经纪人需要通过内部网络、因特网和电话线与许多其他机构保持联系，如果一家股票经纪人公司失去了通信能力，它和它的客户利益都会受到严重影响。其他公司可能对通信没有这样大的依赖性，但我们仍然需要评估它的风险，做出明智的决定，并只需要有替换的装置。

4. 对系统完整性的损害

计算机服务的中断主要是备份和冗余磁盘阵列（Redundant Arrays of Independent Disks，RAID）保护机制。物理安全更加注重于为计算机网络本身及它们所在环境提供安全保护。物理损害带来损失的大小取决于维修或更换设备、恢复数据的费用，以及造成的服务中断所带来的损失。

5. 未经授权的信息泄露

物理安全对策同样也为未经授权的信息泄露及系统可用性和完整性提供保护。未经授权的个人有许多方法可以得到信息。网络通信的内容能够被监视，电子信号能够从空间的无线电波中析取出来，计算机硬件与媒质可能被偷盗和修改。在以上所说的这些类型的安全隐患和风险中，物理安全都扮演着重要的角色。

（二）计算机网络物理安全的内容

物理安全有环境安全、电源系统安全、设备安全和通信线路安全等。物理安全包括以下主要内容。

第一，网络机房的场地、环境及各种因素对计算机设备的影响。

第二，网络机房的安全技术要求。

第三，计算机的实体访问控制。

第四，网络设备及场地的防火与防水。

第五，网络设备的静电防护。

第六，计算机设备及软件、数据和线路的防盗防破坏措施。

第七，重要信息的磁介质的处理、存储和处理手续的有关问题。

二、计算机网络设备与环境安全

（一）计算机网络设备安全

1. 网络硬件系统的冗余

如果在网络系统中有一些后援设备或后备技术等措施，在系统中某个环节出现故障时，这些后援设备或后备技术能够"站出来"承担任务，使系统能够正常运行下去。这些能提高系统可靠性、确保系统正常工作的后援设备或后备技术就是冗余设施。

（1）网络系统冗余

系统冗余就是重复配置系统的一些部件。当系统某些部件发生故障时，冗余配置的其他部件介入并承担故障部件的工作，由此提高系统的可靠性。也就是说，冗余是将相同的功能设计在两个以上设备中，如果一个设备有问题，另外一个设备就会自动承担起正常工作。

冗余就是利用系统的并联模型来提高系统可靠性的一种手段。采用"冗余技术"是实现网络系统容错的主要手段。

冗余主要有工作冗余和后备冗余两大类：工作冗余是一种两个以上的单元并行工作的并联模型，平时由各处单元平均负担工作，因此工作能力有冗余；后备冗余是平时只需一个单元工作，另一个单元是储备的，用于待机备用。

从设备冗余角度看，按照冗余设备在系统中所处的位置，冗余又可分为元件级、部件级和系统级；按照冗余设备的配备程度又可分为 1∶1 冗余、1∶2 冗余、1∶n 冗余等。在当前元器件可靠性不断提高的情况下，与其他形式的冗余方式相比，1∶1 的部件级冗余是一种有效而又相对简单、配置灵活的冗余技术实现方式，如 I/O 卡件冗余、电源冗余、主控制器冗余等。

网络系统大多拥有"容错"能力，容错即允许存在某些错误，尽管系统硬件有故障或程序有错误，仍能正确执行特定算法和提供系统服务。系统的"容错"能力主要是基于冗余技术的。

系统容错可使网络系统在发生故障时，保证系统仍能正常运行，继续完成预定的工作。如在 20 世纪八九十年代风靡全球的 NetWare 操作系统，就提供了三级系统容错技术（System Fault Tolerance，SFT）。其第二级 SFT 采用了磁盘镜像（两套磁盘）措施，第三级 SFT 采取服务器镜像（配置两套服务器）措施实行"双机热备份"。

（2）网络设备冗余

网络系统的主要设备有网络服务器、核心交换机、供电系统、链接与网络边界设备（如路由器、防火墙）等。为保证网络系统能正常运行和提供正常的服务，在进行网络设计时要充分考虑主要设备的冗余或部件的冗余。

①网络服务器系统冗余。由于服务器是网络系统的核心，因此为了保证系统能够安全、可靠地运行，应采用一些冗余措施，如双机热备份、存储设备冗余、电源冗余和网卡冗余等。

双机热备份。对数据可靠性要求高的服务（如电子商务、数据库等），其服务器应采用双机热备份措施。服务器双机热备份就是设置两台服务器（一个为主服务器，另一个为备份服务器），装有相同的网络操作系统和重要软件，通过网卡连接。当主服务器发生故障时，备份服务器接替主服务器工作，实现主、备服务器之间容错切换。在备份服务器工作期间，用户可对主服务器故障进行修复，并重新恢复系统。

存储设备冗余。存储设备是数据存储的载体。为了保证存储设备的可靠性和有效性，可在本地或异地设计存储设备冗余。目前，数据的存储设备多种多样，根据需要可选择磁盘镜像和 RAID 等。

第一，磁盘镜像。每台服务器都可实现磁盘镜像（配备两块硬盘），这样可保证当其中一块硬盘损坏时另一块硬盘可继续工作，不会影响系统的正常运行。

第二，RAID。RAID 可采用硬件或软件的方法实现。磁盘阵列由磁盘控制器和多个磁盘驱动器组成，由磁盘控制器控制和协调多个磁盘驱动器的读写操作。可以这样来理解，RAID 是一种把多块独立的硬盘（物理硬盘）按不同方式组合起来形成一个硬盘组（逻辑硬盘），从而提供比单个硬盘更高的存储性能和提供数据冗余的技术。组成磁盘阵列的不同方式称为 RAID 级别。在用户看起来，组成的磁盘组就像是一个硬盘，用户可以对它进行分区、格式化等。总之，对磁盘阵列的操作与单个硬盘一样。不同的是，磁盘阵列的存储性能要比单个硬盘高很多，而且在很多 RAID 模式中都有较为完备的相互校检/恢复措施，甚至是直接相互的镜像备份，从而大大提高了 RAID 系统的容错度和系统的稳定冗余性。RAID 技术经过不断发展，现在已拥有了六种级别。不同的 RAID 级别代表着不同的存储性能、数据安全性和存储成本。常用的 RAID 级别有 RAID、RAID1、RAID5 等。

电源冗余。高端服务器普遍采用双电源系统（服务器电源冗余）。这两个电源是负载均衡的，在系统工作时它们都为系统供电。当其中一个电源出现故障时，另一个电源就会满负荷地承担向服务器供电的工作。此时，系统管理员可以在不关闭系统的前提下更换损坏的电源。有些服务器系统可实现 DC（直流）冗余，有些服务器产品可实现 AC（交流）和 DC 全冗余。

网卡冗余。网卡冗余技术原为大、中型计算机上使用的技术，现在也逐渐被一般服务器所采用。网卡冗余是指在服务器上插两块采用自动控制技术控制的网卡。在系统正常工作时，双网卡将自动分摊网络流量，提高系统通信带宽；当某块网卡或网卡通道出现故障时，服务器的全部通信工作将会自动切换到无故障的网卡或通道上。因此，网卡冗余技术可保证在网络通道或网卡故障时不影响系统的正常运行。

②核心交换机冗余。核心交换机在网络运行和服务中占有非常重要的地位。在冗余设计时要充分考虑该设备及其部件的冗余，以保证网络的可靠性。

核心交换机中电源模块的故障率相对较高，为了保证核心交换机的正常运行，一般考虑在核心交换机上增配一块电源模块，实现该部件的冗余。为了保证核心交换机的可靠运行，可在本地机房配备双核心交换机或在异地配备双核心交换机，通过链路的冗余实行核心交换设备的冗余。同时针对网络的应用和扩展需要，还须在网络的各类光电接口与插槽数上考虑有充分的冗余。

③供电系统冗余。电源是整个网络系统得以正常工作的动力源，一旦电源发生故障，往往会使整个系统的工作中断，从而造成严重后果。因此，采用冗余的供电系统备份方案，保持稳定的电力供应是必要的，因为供电系统的安全可靠是保证网络系统可靠运行的关键。

通常，城市供电相对比较稳定，即使停电也是区域性的，且停电时间不会很长，因此可考虑使用不间断电源（Uninterruptible Power System，UPS）作为备份电源，即采用"市电+UPS 后备电池"相结合的冗余供电方式。正常情况下，市电通过 UPS 稳频稳压后，给网络设备供电，保证设备的电能质量。当市电停电时，网络操作系统提供的 UPS 监控功能会在线监控电源的变化，当监测到电源故障或电压不稳时，系统会自动切换到 UPS 给网络系统供电，使网络正常运行，从而保证系统工作的可靠性和网络数据的完整性。

④链接冗余。为避免由于某个端口、某台交换机或某块网卡的损坏导致网络链路中断，可采用网络链路冗余措施，每台服务器同时连接到两台网络设备，每条骨干链路都应有备份线路（冗余链路）。

⑤网络边界设备冗余。对于比较重要的网络系统或重要的服务系统，对路由器和防火墙等网络边界设备的可靠性要求也非常高，一旦该类设备出现故障则影响内部网和外部网的互联。因此，在必要时可对部分网络边界设备进行冗余设计。

2. 路由器安全

路由器是网络的神经中枢，也是众多网络设备的重要一员。它担负着网间互联、路由走向、协议配置和网络安全等重任，也是信息出入网络的必经之路。广域网就是靠一个个路由器连接起来组成的，局域网中也已经普遍应用了路由器，在很多企事业单位，已经用路由器来接入网络进行数据通信，可以说，路由器现在已成为大众化的网络设备了。

路由器在网络的应用和安全方面具有极重要的地位。随着路由器应用的广泛普及，它的安全性也成为一个热门话题。路由器的安全与否，直接关系到网络是否安全。

（1）路由协议和访问控制

路由器是网络互联的关键设备，其主要工作是为经过路由器的多个分组寻找一个最佳的传输路径，并将分组有效地传输到目的地。路由选择是根据一定的原则和算法在多节点的通信子网中选择一条从源节点到目的节点的最佳路径。当然，最佳路径是相对于几条路径中较好的路径而言的，一般是选择时延长、路径短、中间节点少的路径作为最佳路径。通过路由选择，可使网络中的信息流量得到合理的分配，从而减轻拥挤，提高传输效率。

①路由选择与协议。路由算法包括静态路由算法和动态路由算法。静态路由算法很难算得上是算法，只不过是开始路由前由网管建立的映射表。这些映射关系是固定不变的。使用静态路由的算法较容易设计，在简单的网络中使用比较方便。由于静态路由算法不能对网络改变做出反应，因此其不适用于现在大型、易变的网络。动态路由算法根据分析收到的路由更新信息来适应网络环境的改变。如果分析到网络发生了变化，路由算法软件就重新计算路由并发出新的路由更新信息，这样就会促使路由器重新计算并对路由表做相应的改变。

在路由器上利用路由选择协议主动交换路由信息，建立路由表并根据路由表转发分组。通过路由选择协议，路由器可动态适应网络结构的变化，并找到到达目的网络的最佳路径。静态路由算法在网络业务量或拓扑结构变化不大的情况下，才能获得较好的网络性能。在现代网络中，广泛采用的是动态路由算法。在动态路由选择算法中，分布式路由选择算法是很优秀的，且得到了广泛的应用。在该类算法中，最常用的是距离向量路由选择算法和链路状态路由选择算法。前者经过改进，成为目前应用广泛的路由信息协议；后者则发展成为开放式最短路径优先协议。

②访问控制列表（Access Control List，ACL）。它是 Cisco IOS 所提供的一种访问控制技术，初期仅在路由器上应用，近年来已经扩展到三层交换机，部分最新的二层交换机也开始提供 ACL 支持。在其他厂商的路由器或多层交换机上也提供类似技术，但名称和配置方式可能会有细微的差别。

ACL 技术在路由器中被广泛采用，它是一种基于包过滤的流控制技术。ACL 在路由器上读取第三层及第四层包头中的信息（如源地址、目的地址、源端口、目的端口等），根据预先定义好的规则对包进行过滤，从而达到访问控制的目的。ACL 增加了在路由器接口上过滤数据包出入的灵活性，可以帮助管理员限制网络流量，也可以控制用户和设备对网络的使用。它根据网络中每个数据包所包含的信息内容决定是否允许该信息包通过接口。

ACL 有标准 ACL 和扩展 ACL 两种。标准 ACL 把源地址、目的地址及端口号作为数据包检查的基本元素，并规定符合条件的数据包是否允许通过，其使用的局限性大，其序列号是 1~99。扩展 ACL 能够检查可被路由的数据包的源地址和目的地址，同时还可以检查指定的协议、端口号和其他参数，具有配置灵活、控制精确的特点，其序列号是 100~199。这两种类型的 ACL 都可以基于序列号和命名进行配置。最好使用命名方法配置 ACL，这样对以后的修改是很方便的。配置 ACL 要注意两点：一是 ACL 只能过滤流经路由器的流量，对路由器自身发出的数据包不起作用；二是一个 ACL 中至少有一条允许语句。

ACL 的主要作用就是一方面保护网络资源，阻止非法用户对资源的访问；另一方面限制特定用户所能具备的访问权限。它通常应用在企业内部网的出口控制上，通过实施 ACL，可以有效地部署企业内部网的出口策略。随着企业内部网资源的增加，一些企业已开始使用 ACL 来控制对企业内部网资源的访问，进而保障这些资源的安全性。

③路由器安全。主要包括以下两个方面：

用户口令安全。路由器有普通用户和特权用户之分，口令级别有 10 多种。如果使用明码在浏览或修改配置时容易被其他无关人员窥视到。可在全局配置模式下使用 service password-encryption 命令进行配置，该命令可将明文密码变为密文密码，从而保证用户口令的安全。该命令具有不可逆性，即它可将明文密码变为密文密码，但不能将密文密码变为明文密码。

配置登录安全。路由器的配置一般有控制口配置、Telnet 配置和 SNMP 配置三种方法。控制口配置主要用于初始配置，使用中英文终端或 Windows 的超级终端；Telnet 配置方法一般用于远程配置，但由于 Telnet 是明文传输的，很可能被非法窃取而泄露路由器的特权密码，从而会影响安全；SNMP 的配置则比较麻烦，故使用较少。

为了保证使用 Telnet 配置路由器的安全，网络管理员可以采用相应的技术措施，仅让路由器管理员的工作站登录，而不让其他机器登录到路由器，可以保证路由器配置的安全。

路由器访问控制安全策略。在利用路由器进行访问控制时可考虑如下安全策略。

第一，严格控制可以访问路由器的管理员；对路由器的任何一次维护都需要记录备案，要有完备的路由器的安全访问和维护记录日志。

第二，不要远程访问路由器。若需要远程访问路由器，则应使用访问控制列表和高强度的密码控制。

第三，严格地为 IOS 做安全备份，及时升级和修补 IOS 软件，并迅速为 IOS 安装补丁。

第四，为路由器的配置文件做安全备份。

第五，为路由器配备 UPS 设备，或者至少要有冗余电源。

（2）VRRP

虚拟路由器冗余协议（Virtual Router Redundancy Protocol，VRRP）是一种选择性协议，它可以把一个虚拟路由器的责任动态分配到局域网上 VRRP 路由器。控制虚拟路由器 IP 地址的 VRRP 路由器称为主路由器，它负责转发数据包到虚拟 IP 地址上。一旦主路由器不可用，这种选择过程就会提供动态的故障转移机制，这就允许虚拟路由器的 IP 地址可以作为终端主机的默认第一跳路由器。使用 VRRP 的优点是有更高默认路径的可用性，而无须在每个终端主机上配置动态路由或路由发现协议。

使用 VRRP 可以通过手动或动态主机配置协议（Dynamic Host Configuration Protocol，DHCP）服务器设定一个虚拟 IP 地址作为默认路由器。虚拟 IP 地址在路由器间共享，其中一个指定为主路由器，而其他的则为备份路由器。如果主路由器不可用，这个虚拟 IP 地址就会映射到一个备份路由器的 IP 地址（该备份路由器就成了主路由器）。

通常，一个网络内的所有主机都设置一条默认路由，这样主机发出的目的地址不在本网段的报文将被通过默认路由发往路由器 RouterA，从而实现主机与外部网络的通信。当路由器 RouterA 故障时，本网段内所有以 RouterA 为默认路由下一路的主机将断掉与外部的通信。

VRRP 是一种容错协议，它是为解决上述问题而提出的。VRRP 将局域网的一组路由器（包括一个 Master 路由器和若干个 Backup 路由器）组织成一个虚拟路由器，称为一个备份组。该虚拟路由器拥有自己的 IP 地址 10.100.10.1（该 IP 地址可以和备份组内的某路由器接口地址相同），备份组内的路由器也有自己的 IP 地址（如 Master 路由器的 IP 地址为 10.100.10.2，Backup 路由器的 IP 地址为 10.100.10.3）。局域网内的主机仅仅知道这个虚拟路由器的 IP 地址 10.100.10.1，而不知道 Master 路由器的 IP 地址和 Backup 路由器的 IP 地址，它们将自己的默认路由下一路地址设置为该虚拟路由器的 IP 地址 10.100.10.1。于是，网络内的主机就通过该虚拟路由器与其他网络进行通信。如果备份组内的 Master 路由器出现故障，Backup 路由器将会通过选举策略选出一个新的 Master 路由器，继续向网络内的主机提供路由服务，从而实现网络内的主机不间断地与外部网络进行通信。

在 VRRP 路由器组中，按优先级选举主控路由器，VRRP 协议中的优先级范围是 0~255。若 VRRP 路由器的 IP 地址和虚拟路由器的接口 IP 地址相同，则称该虚拟路由器为 VRRP 组中的 IP 地址所有者，IP 地址所有者自动具有最高优先级（255）。优先级的配置原则可以依据链路速度和成本、路由器性能和可靠性及其他管理策略设定。在主控路由器选举中，高优先级的虚拟路由器将获胜。因此，如果在 VRRP 组中有 IP 地址所有者，则它总是作为主控路由的角色出现。

对于相同优先级的候选路由器，则按照 IP 地址的大小顺序选举。为了保证 VRRP 协议的安全性，提供了明文认证和 IP 头认证两种安全认证措施。明文认证要求在加入一个 VRRP 路由器组时，必须同时提供相同的 VRID 和明文密码。IP 头认证提供了更高的安全性，能够防止报文重放和修改等攻击。

VRRP 的工作机理与 Cisco 公司的热备份路由器协议（Hot Standby Routing Protocol，HSRP）有许多相似之处。但二者之间的主要区别是在 Cisco 的 HSRP 中，需要单独配置一个 IP 地址作为虚拟路由器对外体现的地址，这个地址不能是组中任何一个成员的接口地址。

使用 VRRP，不用改造目前的网络结构，从而最大限度地保护了当前投资，只需最少的管理费用，却大大提升了网络性能，具有重大的应用价值。

（二）计算机网络环境安全

计算机网络必须保护的环境包括所有的人员、设备、数据、通信设施、电力供应设施和电缆。而必要的保护级别则取决于这些设备中的数据、计算机设备和网络设备的价值。这些东西的价值可以用一种叫"关键路径分析"的方法得到。在这种方法中，基础设施中的每一项及保持这些设施得以正常工作的项目都被列出来，这项分析同时也勾画出数据在网络中传输时通过的路径。数据可能从远程用户传送到服务器，从服务器传送到工作站，从工作站传送到大型机，或从大型机传送到大型机，等等。对这些路径及可能造成其中断的威胁的了解有着十分重要的意义。

关键路径分析需要列举出环境中所有的元素，以及它们之间的相互作用和相互依赖关系。我们需要用图来表示设备、它们的位置，以及和整个设施的关联。这种图应该包括电力、数据、供水和下水道管线。为了提供一个完整的描述和便于理解，空调器、发电机和暴雨排水沟有时也应该包括在关键路径图中。

关键路径被定义为对业务功能起关键作用的路径。它应该被详细地显示出来，包括其中的所有的支持机制。冗余的路径也应该被显示出来，而且对每一条关键路径，都至少有一条冗余路径与之对应。

过去，计算机房中配备专人进行适当的操作和维护通常是十分必要的。现在，计算机房中的服务器、路由器、桥接器、主机和其他设备都是被远程控制的，这样计算机就可以放在不被许多人打扰的地方。因为不再有员工长时间地坐在计算机房中工作，这些房间的建造就应该更多地考虑如何适合设备的运转，而不是人的工作。

1. 网络机房安全防护

网络机房通常不必为人提供操作的方便和舒适，它们变得越来越小，可能也不再需要安装昂贵的灭火系统。在过去，灭火系统是保护工作在计算机房内员工的常用方式，这样的系统安装和维护费用都很高。当然灭火系统还是需要的，但是由于这些区域内人的生命不再是考虑的主要因素，于是可以使用其他类型的灭火系统。为了节省空间，小一些的系统应该被垂直堆叠。它们应该安放在架子上，或者放置在设备柜中。配线应该紧密围绕设备进行，这样可以节省电缆的成本，且不容易引起混淆。这些区域的位置应该在建筑物的核心区域，并靠近配线中心。保证只有一个进入的通道是十分必要的，还要保证没有直接进入其他非安全区域的通道。从一些公共的区域，如楼梯、走廊和休息室不能进入这些安全区域。这样就可以保证当一个人站在通向安全区域的门前的时候，和其站在通向休息室或者一些聊天或喝咖啡的地方的时候有着明显不同的感受。

另外，需要估计和计算网络机房的墙壁、地板、天花板的负载（也就是它们能够承载的重量），以保证在不同的情况下这座建筑物都不会倒塌。这些墙壁、天花板和地板一定要包含必要的材料，以实现需要的防火级别。有时候对水的防护也一样的重要。根据窗户的布置和建筑内容纳的东西，内部和外部的窗户可能需要具有防紫外线功能，可能需要是防碎的，或是半透明的或不透明的。内部和外部的门可能需要开关是单向的、防止强行进入，需要有紧急出口（和标志），根据布置，可能还需要监视和附加的报警装置。在大多数建筑中，使用加高的地板来隐藏电线和管线，但是相应地，这种地板必须有电气接地措施，因为它们被提高了。

建筑规范能够调整以上的所有因素并使之达到要求，但是每一项中仍然有一定的选择余地，正确的选择应该能够完全满足公司安全方面的机能，同时是经济的。

2. 火灾的安全防护

有关火灾的预防、探测与排除方面有国家的和地方的标准需要满足。在火灾的预防方面，我们需要训练员工在遇到火灾时如何做出适当的反应，提供正确的灭火器具并保证它们能够正常地工作，确保附近有容易得到的水源，以适当的方式存放易燃易爆的物品。

火灾探测系统有许多种形式，可以在许多建筑物的墙上看到红色的手动推拉报警装置。拥有传感器的自动探测装置，在探测到火灾时会做出反应。这种自动系统可能是一个自动喷淋系统或者一个 Halon 释放系统。自动喷淋系统被广泛地使用，在保护建筑物和里面的设施方面很有效果。在决定安装哪种灭火系统时，需要对许多因素做出评估，包括对火灾的可能发生率的估计，对火灾可能造成损害的估计。另外，应对系统的类型本身做出评估。

火灾的防护包括早期的烟雾探测，以及关闭系统直到热源消失为止，这样才不会发生燃烧现象。如有必要，应设置一个装置来关闭整个系统。首先应该给出一个警告的声音信号，还应提供一个重置按钮，以便在问题得到控制和危险已经排除的情况下能够停止自动系统的工作。火灾的防范要贯彻预防为主、防消结合的方针。平时加强防范，清除一切火灾隐患；一旦失火，则要临危不乱，积极扑救；灾后做好弥补恢复，减少损失。

（1）火灾的预防

①机房应当严格选址和设计施工，保证符合消防要求。机房的设计应当按照国家工程建筑消防技术标准进行设计和施工，竣工时，必须经消防机构进行消防验收。建筑构件和建筑材料的防火性能必须符合国家标准或者行业标准。室内装修、装饰根据国家工程建筑消防技术标准的规定，应当使用不燃、难燃材料，必须选用依照产品质量法规定确定的检验机构检验合格的材料。

②建立消防安全责任制。制定消防安全制度、消防安全操作规程；实行防火安全责任制，确定本单位和所属各部门、岗位的消防安全责任人；消防安全负责人依照消防法的要求明确各级消防管理岗位的职责并逐级签订消防安全责任书，确保安全体系合理、岗位责任明确；针对单位的特点对职工进行消防宣传教育；组织防火检查，及时消除火灾隐患；按照国家有关规定配置消防设施和器材、设置消防安全标志，并定期组织检验、维修，确保消防设施和器材完好、有效；保障疏散通道、安全出口畅通，并设置符合国家规定的消防安全疏散标志。

③机房严禁烟火。严禁在机房吸烟。不得在机房内使用电炉取暖。严禁机房

和生活用房混用及在机房内住宿、烤火、做饭。进行电焊、气焊等具有火灾危险作业的人员和自动消防系统的操作人员，必须持证上岗，并严格遵守消防安全操作规程。

④网络电器设备质量与配电的安全。网络电器设备质量必须符合国家标准或者行业标准。电器产品的安装、使用和线路设计、铺设，必须符合国家有关消防安全技术规定。配电设备应当留有相当宽裕的容量。

（2）火灾的扑救

①发现火灾时应当立即切断电源，并立即报警。

②应当用手提式干粉或"1211"灭火器扑灭电气火灾，严禁使用水或泡沫灭火器。

③抢救设备器材，严密保护秘密数据文件介质。

④火灾扑灭后，应当保护好现场，接受事故调查，如实提供火灾失事的情况。

3. 水患的防范

①为了防止漏雨或暖气漏水浸湿机器设备，机房不宜设在楼房的顶层或底层。考虑到接地和光缆出线的方便，一般以二、三层为宜。

②雨季来临前应当对机房门窗的防雨进行检查。

4. 空气通风

空气通风方面必须达到以下要求才能够提供一个安全而舒适的环境：为了保证空气质量，必须安装一个环路空气再循环调节系统；为了控制污染，必须采用正向的加压和通风措施；正向加压，即当员工打开房间的门的时候，空气从里面流向外面，而外面的空气不能够进入；设想如果一处建筑失火，在人们疏散的时候显然希望烟能够向门外扩散而不是向门里面扩散。

我们需要了解污染物是如何进入环境中来的，它们可能造成的损害，以及保证设备免受危险物质或超标的污染物损害的应对措施。通过空气传播的物质及颗粒物的浓度必须被跟踪监视，以防止它们的浓度太高。灰尘可能会阻塞用来冷却设备的电扇，这样就会影响设备的正常工作。如果空气中含有的某种气体的浓度超过一定水平，就会加速设备的腐蚀，或给它们的运转带来问题，甚至使一些电子器件停止运行。尽管大多数磁盘驱动器都是密封的，但是其他的一些存储介质还是会受到空气中污染物的影响。空气清洁设备和通风装置可以用来处理这些问题。

第三节　计算机网络防火墙与入侵检测技术

一、防火墙

（一）防火墙的作用与设计原则

防火墙原是防止火灾从建筑物的一部分传播到另一部分的设施。从理论上讲，计算机网络中的防火墙服务也有类似目的，它防止网络上的危险传播到用户网络内部。

防火墙是一个或一组网络设备，可用于两个或多个网络间加强访问控制，在内部网与外部网之间的界面构造一个保护层，并强制所有的连接都必须经过此保护层，在此进行检查和连接。只有被授权的通信才能通过此保护层，从而保护内部网资源免遭非法入侵。

防火墙已成为实现网络安全策略的最有效工具之一，并被广泛地应用到网络上。传统上，防火墙基本分为两大类，即采用应用网关的应用层防火墙和采用过滤路由器的网络层防火墙。其结构模型可划分为策略和控制两部分：策略是指是否赋予服务请求者相应的访问权限；控制对授权访问者的资源存取进行控制。

一方面，防火墙可以是路由器，也可以是个人主机、主系统和一批主系统，专门把网络或子网同那些可能被子网外的主系统滥用的协议和服务隔绝。通常，防火墙位于等级较高的网关，但也可以位于等级较低的网关，以便为某些数量较少的主系统或子网提供保护。

另一方面，防火墙不只是一种路由器、主系统或一批向网络提供安全性的系统；相反，防火墙是一种获取安全性的方法，它有助于实施一个比较广泛的安全性政策，用以确定允许提供的服务和访问。就网络配置、一个或多个主系统和路由器，以及其他安全性措施（如代替静态口令的先进验证）而言，防火墙是该政策的具体实施。防火墙系统的主要用途是控制对受保护网络（网点）的往返访问，它实施网络访问政策的方法，迫使各连接点必须通过能进行检查和评估的防火墙。

1. 防火墙的重要作用

引入防火墙是因为传统的子网系统会把自身暴露给不安全的服务，并受到网络上其他地方主系统的试探和攻击，在没有防火墙的环境中，网络安全性完全依赖主系统安全性。在一定意义上，所有主系统必须通力协作来实现均匀一致的高级安全性。子网越大把所有主系统保持在相同安全性水平上的可管理能力就越小。随着安全性的失误和失策越来越普遍，闯入时有发生，这不是因为受到多方的攻击，而是因为配置错误或口令不适当而造成的。

防火墙能提高主机整体的安全性，给站点带来了诸多好处。具体包可以以下方面。

（1）保护易受攻击的服务

防火墙可以提高网络安全性，并通过过滤不安全的服务来降低子网上主系统所冒的风险。因此，子网网络环境可经受较小的风险，因为只有经过选择的协议才能通过防火墙。这样得到的好处是可防护这些服务不会被外部攻击者利用，而同时允许在降低被外部攻击者利用风险的情况下使用这些服务。对局域网特别有用的服务，如 NIS 或 NFS，因而可得到公用，并用来减轻主系统管理负担。防火墙还可以防护基于路由选择的攻击，如源路由选择和企图通过 ICMP 改向把发送路径转向遭致损害的网点。防火墙可以排斥所有源点发送的包和 ICMP 改向，然后将偶发事件通知管理人员。

（2）控制访问网点系统

防火墙还有能力控制对网点系统的访问，如某些主系统可以由外部网络访问，而其他主系统则能有效地封闭起来，防护有害的访问。除了邮件服务器或信息服务器等特殊情况外，网点可以防止外部对其主系统的访问。这就把防火墙执行的访问政策置于重要地位，不访问不需要访问的主系统或服务。

（3）集中安全性

如果一个子网的所有或大部分需要改变的软件及附加的安全软件能集中地放在防火墙系统中，而不是分散到每个主机中，这样防火墙的保护集中一些。尤其对密码口令系统或其他的身份认证软件，放在防火墙系统中更是优于放在每个Internet 能访问的机器上。

（4）增强的保密能强化私有权

对一些站点而言，私有性是很重要的。使用防火墙系统，站点可以防止Finger 及 DNS 域名服务。Finger 会列出当前使用者名单，他们上次登录的时间及是否读过邮件。但 Finger 同时会不经意地告诉攻击者该系统的使用频率，是否有用户正在使用，以及是否可能发动攻击而不被发现。防火墙也能封锁域名服务信息，从而使 Internet 外部主机无法获取站点名和 IP 地址。通过封锁这些信息，可以防止攻击者从中获得另一些有用信息。

（5）有关网络使用、滥用的记录和统计

如果对 Internet 的往返访问都通过防火墙，那么，防火墙可以记录各次访问，并提供有关网络使用率的有价值的统计数字。如果一个防火墙能在可疑活动发生时发出音响报警，则还提供防火墙和网络是否受到试探或攻击的细节。采集网络使用率统计数字和试探的证据是很重要的，尤为重要的是可以知道防火墙能否抵御试探和攻击，并确定防火墙上的控制措施是否得当。

（6）防火墙可提供实施和执行网络访问政策的工具

事实上，防火墙可向用户和服务提供访问控制，网络访问政策可以由防火墙执行，如果没有防火墙，这样一种政策完全取决于用户的协作。网点也许能依赖其自己的用户进行协作，但是一般情况下无法实现。

计算机网络随时受到各种非法手段的威胁。随着网络覆盖范围的扩大，安全成为任何一个计算机系统正常运行并发挥作用的必须考虑因素和必然选择。尤其在当今网络互联的环境中，网络安全体系结构的考虑和选择显得尤为重要。采用防火墙网络安全体系结构是一种简单有效的选择方案。

2. 防火墙的设计原则

从某种意义上来说，防火墙实际上代表了一个网络的访问原则。某个网络决定设定防火墙，先要由网络决策人员及网络专家共同决定本网络的安全策略，即确定哪些类型的信息允许通过防火墙，哪些类型的信息不允许通过防火墙。防火墙的职责根据本单位的安全策略，对外部网络与内部网络交流的数据进行检查：符合的，予以放行；不符合的，拒之门外。

（1）网络政策

有两级网络政策会直接影响防火墙系统的设计、安装和使用。高级政策是一种专用发布的网络访问政策，它用来定义那些受限制的网络许可或明确拒绝的服务，以及如何使用这些服务和这种政策的例外条件。低级政策描述防火墙，实际上是如何尽力限制访问，并过滤在高层政策所定义的服务。

①服务访问政策。服务访问政策应当是整个机构有关保护机构信息资源政策的延伸。要使防火墙取得成功，服务访问政策必须既切合实际，又稳妥可靠，而且应当在实施防火墙前草拟出来。切合实际的政策是一个平衡的政策，既能防护网络免受已知风险，而且仍能使用户利用网络资源。如果防火墙系统拒绝或限制服务，那么，它通常要求服务访问政策有能力来防止防火墙的访问控制措施不会受到带针对性的修改，只有一个管理得当的稳妥可靠政策才能做到这一点。

防火墙实施各种不同的服务访问政策。一个典型的政策不允许从 Internet 访问网点，但要允许从网点访问 Internet；另一个典型政策是允许从 Internet 进行某些访问，但是或许只许可访问经过选择的系统，如信息服务器和电子邮件服务器。防火墙常实施允许某些用户从 Internet 访问经过选择的内部主系统的服务访问政策。但是，这种访问只是在必要时，而且只能与先进的验证措施组合时才允许进行。

②防火墙设计政策。它定义用来实施服务访问政策的规则，是防火墙专用的。一个人不可能在完全不了解防火墙的能力和限制，以及与 TCP/IP 相关联的威胁和易受攻击性等问题的真空条件下设计这一规则。防火墙一般实施两个基本设计方针之一：拒绝访问除明确许可以外的任何一种服务，即拒绝一切未予特许的东西；允许访问除明确拒绝以外的任何一种服务，即允许一切未被特别拒绝的东西。

如果防火墙采取第一种安全控制的方针，那么需要确定所有可以被提供的服务及它们的安全特性，然后开放这些服务，并将所有其他未被列入的服务排斥在外，禁止访问。如果防火墙采取第二种安全控制的方针，则正好相反，需要确定不安全的服务，禁止其访问；而其他服务则被认为是安全的，允许访问。

比较服务访问政策和防火墙设计政策可以看出，服务访问政策比较保守，遵循"我们所不知道的都会伤害我们"的观点，因此能提供较高的安全性。但是，这样一来，能穿过防火墙为我们所用的服务，无论在数描上还是类型上，都受到很大的限制。防火墙设计政策则较灵活，虽然可以提供较多的服务，但是，所存在的风险也比服务访问政策大。

对于防火墙设计政策，还有一个因素值得考虑，即受保护网络的规模。当受保护网络的规模越来越大时，对它进行完全监控就会变得越来越难。因此，如果网络中某成员绕过防火墙向外提供被防火墙所禁止的服务，网络管理员就很难发现。因此，采用第二种政策的防火墙不仅要防止外部人员的攻击，而且要防止内部成员不管是有意还是无意的攻击。

总的来说，从安全性的角度考虑，服务访问政策更可取一些；而从灵活性和使用方便性的角度考虑，则防火墙设计政策更适合。

（2）先进的验证工具

入侵者通过监视 Internet 来获取明文传输的口令，这一事实反映传统的口令已经过时。先进的验证措施，如智能卡、验证令牌、生物统计学和基于软件的工具被用来克服传统口令的弱点。尽管验证技术各不相同，但都是相类似的，因为由先进验证装置产生的口令，不能由监视连接的攻击者重新使用。如果 Internet± 的口令问题是固有的话，那么，一个可访问 Internet 的防火墙，如果不使用先进验证装置或不包含使用先进验证装置的挂接工具，则是几乎没有意义的。

现在使用的一些比较流行的先进验证装置叫作一次性口令系统，如智能卡或验证牌产生一个主系统，用来取代传统口令的响应信号。令牌或智能卡是与主系统上的软件或硬件协同工作的，因此产生的响应对每次注册都是独一无二的，其结果是一种一次性口令。这种口令如果进行监控的话，就不可能被侵入者重新使用来获得某一账号。

由于防火墙可以集中控制网点访问，因而防火墙是安装先进的验证软件或硬件的合理场所。虽然先进验证措施可用于每个主系统，但是把各项措施都集中到防火墙，则更切合实际、更便于管理。如果主系统不使用先进验证措施，则入侵者可能揭开口令奥秘，或者能监视网络进行的包括有口令的注册对话。

在设计防火墙时，除安全策略以外，还要确定防火墙类型和拓扑结构。一般来说，防火墙被设置在可信赖的内部网络和不可信赖的外部网络之间，相当于一个控流器，可用来监视或拒绝应用层的通信业务。防火墙也可以在网络层和传输层运行，在这种情况下，防火墙检查进入和离去的报文分组的 IP 和 TCP 头部，根据预先设计的报文分组过滤规则来拒绝或允许报文分组通过。

一个防火墙为了提供稳定可靠的安全性，必须跟踪流经它的所有通信信息。为了达到控制目的，防火墙首先必须获得所有通信层和其他应用的信息，然后存储这些信息，还要能够重新获得及控制这些信息。防火墙仅检查独立的信息包是不够的，因为状态信息——以前的通信和其他应用信息是控制新的通信连接的最基本因素。对于某一通信连接，通信状态和应用状态是对该连接做控制决定的关键因素。为保证高层的安全，防火墙必须能够访问、分析和利用如下的信息：①通信信息，所有应用层的数据包的信息；②通信状态，以前的通信状态信息；③来自应用的状态，其他应用的状态信息；④信息处理，基于以上所有元素的灵活的表达式的估算。

首先，安装防火墙的位置是内部网络与外部 Internet 的接口处，以阻挡来自外部网络的入侵；其次，如果内部网络规模较大，并且设置有虚拟局域网（VLAN），则应该在各个 VLAN 之间设置防火墙；最后，通过公网连接的总部与各分支机构之间也应该设置防火墙，如果有条件，还应该同时将总部与各分支机构组成虚拟专用网（VPN）。

安装防火墙的基本原则是：只要有恶意侵入的可能，无论是内部网络还是与外部公网的连接处，都应该安装防火墙。

（二）防火墙的类型

实现防火墙的技术包括四大类：网络层防火墙（又称为包过滤型防火墙或报文过滤网关）、电路层防火墙（又称为线路层网关）、应用层防火墙（又称为代理服务器）和状态检测防火墙。

1. 网络层防火墙

网络层防火墙是最简单的防火墙，通常只包括对源和目的 IP 地址及端口的检查。包过滤型防火墙的技术依据是网络中的分包传输技术。网络上的数据都是以包为单位进行传输的，数据被分割成为一定大小的数据包，每一个数据包中都会包含一些特定信息，如数据的源地址、目标地址、TCP/UDP 源端口和目标端口。防火墙通过读取数据包中的地址信息来判断这些包是否来自可信任的安全站点，一旦发现来自危险站点的数据包，防火墙便会将这些数据拒之门外。系统管理员可以根据实际情况灵活制定判断规则。对用户来说，这些检查是透明的。过滤器通常是放在路由器上，大多数路由器都默认地提供了报文过滤功能。

报文过滤网关在收到报文后，先扫描报文头，检查报文头中的报文类型、源 IP 地址、目的 IP 地址和目的 TCP/UDP 端口等域，然后将规则库中的规则应用到该报文头上，以决定是将此报文转发出去还是丢弃。许多过滤器允许管理员分别定义基于路由器上的报文出去界面和进来界面的规则，这样能增强过滤器的灵活性。

目前，所使用的报文过滤网关绝大多数是由包过滤路由器来充当的，一个包过滤路由器可以决定它收到的每个包的取合。路由器逐一审查每份数据报，以判定它是否与某个包过滤规则相匹配。通常，过滤规则以用于 IP 报文处理的包头信息为基础，用表格的形式表示，其中包括以某种次序排列的条件和动作序列。包头信息包括 IP 源地址、IP 目的地址、封装协议、TCP/UDP 源端口、TCP/UDP 目的端口、ICMP 报文类型、包输入接口和包输出接口。如果找到一个匹配，且规则允许这包，这一包则根据路由表中的信息前行；如果找到一个匹配，且规则拒绝此包，这一包则被舍弃。如果无匹配规则，一个用户配置的默认参数将决定此包是前行还是被抛弃。有些报文过滤在实现时，对"动作"这一项还须询问，若报文被丢弃是否要通知发送者。

IP 包过滤器不可能对通信提供足够的控制，包过滤路由器可以允许或拒绝一项特别的服务，但它不能理解一项特别服务的上下文数据。例如一个网络管理员可能在应用层过滤信息流以限制对 FTP 的命令子集的访问，或封锁邮件或特定专题的信息群的输入，这类控制最好由代理服务和应用层网关在高层执行。

网络层防火墙的优点包括：对于所有应用可采用统一的认证协议，对于每个终端主机无须做多余认证，造成的性能下降较小，防火墙的崩溃和恢复不会影响开放的 TCP 连接，路由改变也不会影响 TCP 连接，它与应用无关，不存在单个可导致失败的点。

包过滤技术的优点是简单实用，实现成本低，在应用环境比较简单的情况下，能够以较小的代价在一定程度上保证系统的安全。但是，这种简单性带来了一个严重的问题：过滤器不能在用户层次上进行安全过滤，即在同一台机器上，过滤器分辨不出是四个用户的报文。因为包过滤技术是一种完全基于网络层的安全技术，所以只能根据数据包的来源、目标和端口等网络信息进行判断，无法识别基于应用层的恶意侵入，如恶意的 Java 小程序及电子邮件中附带的病毒。有经验的黑客很容易伪造 IP 地址，骗过包过滤型防火墙。现在已出现了智能报文过滤器，它与简单报文过滤器相比，具有解释数据流的能力。然而，智能报文过滤器同样不能对用户进行区分。

对于网络层防火墙有许多设计难题需要解决，尤其在多防火墙、非对称路由、组播和性能方面如此。

2. 电路层防火墙

电路层防火墙与网络层防火墙相似，但它能在 OSI 协议栈的不同层次上工作。因为电路层防火墙是在 OSI 模型中会话层上来过滤数据包，所以比包过滤防火墙要高两层。电路层防火墙用来监控受信任的客户或服务器与不受信任的主机间的 TCP 握手信息，这样来决定该会话是否合法。对远程机器来说，所有从电路层防火墙传出来的连接好像都是由防火墙产生的，这样就可以隐藏受保护网络中的信息。

实际上电路层防火墙并非作为一个独立的产品存在，它与其他的应用层网关结合在一起。另外，电路层防火墙还提供一个重要的安全功能——代理服务器。代理服务器是个防火墙，在其上运行一个叫作"地址转移"的进程，将所有内部的 IP 地址映射到一个"安全"的 IP 地址，这个地址是由防火墙使用的。但是，作为电路层防火墙也存在着一些缺陷，防火墙是在会话层工作的，它就无法检查应用层的数据包。

3. 应用层防火墙

应用层防火墙属于两种概念上的防火墙。应用层防火墙能够检查进出的数据包，通过网关复制传递数据，防止在受信任服务器和客户机与不受信任的主机间直接建立联系。应用层防火墙能够理解应用层上的协议，能够做较复杂的访问控制，并做精细的注册和审核。但每一种协议需要相应的代理软件，使用时工作量大，效率不如网络层防火墙。

应用层网关并不是用一张简单的访问控制列表来说明，哪些报文或会话允许通过，哪些不允许通过，而是运行一个接受连接的程序。在确认连接前，先要求用户输入口令，以进行严格的用户认证，然后向用户提示所连接的主机的有关信息。这样必须为每个应用配上网关程序。从某种意义上说，应用层网关比报文过滤网关和电路层网关有更大的局限性。但是，对大多数环境来说，应用层网关比其他两种网关能提供更高的安全性，因为它能进行严格的用户认证，以确保所连接的对方是否名副其实。另外，一旦知道了所连接的对方的身份，就能进行基于用户的其他形式的访问控制，如限制连接的时间、连接的主机及使用的服务。由于前两种防火墙不具有用户认证的能力，因此，许多人认为应用层防火墙才是真正的防火墙。

应用层网关是目前最安全的防火墙技术，但实现起来比较困难，而且有的应用层网关缺乏"透明度"。在实际使用中，用户在受信任的网络上通过防火墙访问 Internet 时，经常会发现存在延迟，并且必须进行多次登录才能访问 Internet 或 Intranet。

应用层防火墙可以处理存储转发通信业务，也可以处理交互式通信业务通过适当的程序设计，应用层防火墙可以理解在用户应用层的通信业务，这样便可以在用户层或应用层提供访问控制，且可以用来对各种应用程序的使用情况维持一个智能性的日志文件。在需要时，防火墙本身还可以增加额外的安全措施。

4. 状态检测防火墙

状态检测防火墙是新一代的防火墙技术，它监视每一个有效连接的状态，并根据这些信息决定网络数据包是否能够通过防火墙。状态检测防火墙在协议栈底层截取数据包，然后分析这些数据包，且将当前数据包及状态信息和前一时刻的数据包及其状态信息进行比较，从而得到该数据包的控制信息，来达到保护网络安全的目的。和应用网关不同，状态检测防火墙使用用户定义的过滤规则，不依赖预先定义的应用信息，执行效率比应用网关高，而且它不识别特定的应用信息，因此不必对不同的应用信息制定不同的应用规则，伸缩性好。

状态检测防火墙的实现是通过不断开客户机/服务器的模式而提供一个完全的应用层感知，信息包在网络层就被截取了，然后防火墙从接收到的数据包中提取与安全策略相关的状态信息，将这些信息保存在一个动态状态表中，目的是验证后续的连接请求，提供一个高安全性的方案，系统执行效率提高了，还具有很好的伸缩性和扩展性。状态检测防火墙的优点如下。

（1）安全性高

状态检测防火墙工作在数据链路层和网络层之间，它从这里截取数据包，因为数据链路层是网卡工作的真正位置，网络层是协议栈的第一层，这样防火墙确保了截取和检查所有通过网络的原始数据包。防火墙截取到数据包就处理它们，首先根据安全策略从数据包中提取有用信息，保存在内存中；其次将相关信息组合起来，进行一些逻辑或数学运算，获得相应的结论，进行相应的操作。状态检测防火墙虽然工作在协议栈较低层，但它监测所有应用层的数据包，从中提取有用信息，如 IP 地址、端口号、数据内容等，这样安全性得到很大程度的提高。

（2）高效性

状态检测防火墙工作在协议栈的较低层，通过防火墙的所有的数据包都在低层处理，而不需要协议栈的上层处理任何数据包，这样减少了高层协议头的开销，执行效率提高很多。此外，在这种防火墙中一旦一个连接建立起来，就不用再对这个连接做更多工作，系统可以去处理别的连接，执行效率明显提高。

（3）可伸缩性和易扩展性

状态检测防火墙不像应用网关式防火墙那样，每一个应用对应一个服务程序。这样所能提供的服务是有限的，而且当增加一个新的服务时，必须为新的服务开发相应的服务程序，这样系统的可伸缩性和可扩展性降低。状态检测防火墙不区分每个具体的应用，只是根据从数据包中提取出的信息、对应的安全策略及过滤规则处理数据包，当有一个新的应用时，它能动态产生新的应用的新规则，而不用另外写代码，所以具有很好的伸缩性和扩展性。

（4）应用范围广

状态检测防火墙不仅支持基于 UDP 的应用，而且支持基于无连接协议的应用，如 RPC、基于 UDP 的应用。对于无连接的协议，连接请求和应答没有区别，包过滤防火墙和应用网关对此类应用可能不支持，可能开放一个大范围的 UDP 端口，暴露了内部网，降低了安全性。

状态检测防火墙对基于 UDP 应用安全的实现，通过在 UDP 通信之上保持一个虚拟连接来实现。防火墙保存通过网关的每一个连接的状态信息，允许穿过防火墙的 UDP 请求包被记录，当 UDP 包在相反方向上通过时，依据连接状态表确定该 UDP 包是否被授权的，若已被授权，则通过；否则拒绝。如果在指定的一段时间内响应数据包没有到达，连接超时，则该连接被阻塞，所有的攻击都被阻塞，UDP 应用也安全实现。

状态检测防火墙支持 RPC，对 RPC 服务来说，其端口号是不定的，因此简单地跟踪端口号不能实现该种服务的安全。状态检测防火墙通过动态端口映射图记录端口号，为验证该连接还保存连接状态、程序号，通过动态端口映射图来实现此类应用的安全。

（三）防火墙的主机——堡垒主机

堡垒主机指的是任何对网络安全至关重要的防火墙主机，堡垒主机是一个组织机构网络安全的中心主机，因此必须进行完善的防御。堡垒主机是由网络管理员严密监视的，堡垒主机软件与系统的安全情况应该定期地进行审查。对访问记录应进行查看，以发现潜在的安全漏洞和对堡垒主机的试探性攻击。堡垒主机最简单的设置，是作为外部网络通信业务的第一个也是唯一的一个入口点。

堡垒主机的硬件平台执行的是其操作系统的一个"安全"版本，这个版本经过特别设计，用以防止操作系统受损和确保防火墙的整体性。只有网络管理员认为是必需的服务才被设置在堡垒主机内。一般来说，只有为数不多的几个代理应用程序子集被设置在堡垒主机。在用户被允许访问代理服务之前，堡垒主机还需要进一步的认证。例如线路层网关常用于网络连接，系统管理员将它们委托给内部用户。

堡垒主机使用应用层功能来确定允许或拒绝来自或发向外部网络的请求。如该请求通过了堡垒主机的严格审查，它将被作为进来的信息转发到内部网络上。对于通向外部的网络的信息，该请求被转发到筛选路由器。

1. 堡垒主机的类型

堡垒主机一般有以下三种类型。

（1）无路由双重宿主主机

无路由双重宿主主机有多个网络接口，但这些接口间没有信息流。主机本身可以作为一个防火墙，也可以作为一个更复杂的防火墙的一部分。无路由双重宿主主机的大部分配置类似于其他堡垒主机，但是用户必须确保它没有路由。如果无路由双重宿主主机是一个防火墙，那么它可以运行堡垒主机的例行程序。

（2）牺牲品主机

有些用户可能想用一些无论使用代理服务，还是包过滤都难以保障安全的网络服务或者一些对其安全性没有把握的服务。针对这种情况，使用牺牲品主机非常有用（也称替罪羊主机）。牺牲品主机是一种上面没有任何信息需要保护的主机，同时它又不与任何入侵者想要利用的主机相连。用户只有在使用某种特殊服务时才需要用到它。

牺牲品主机除了可让用户随意登录外，其配置基本上与其他堡垒主机一样。用户在堡垒主机上存有尽可能多的服务与程序。但是出于安全性考虑，牺牲品主机不可随意满足用户的要求，否则会使用户越来越信任牺牲品主机而违反设置牺牲品主机的初衷。牺牲品主机的主要特点是易于被管理，即使被侵袭也不妨碍内部网的安全。

（3）内部堡垒主机

在大多数配置中，堡垒主机可与某些内部主机有特殊的交互。例如堡垒主机可传送电子邮件给内部主机的邮件服务器，传送 Usenet 新闻给新闻服务器，与内部域名服务器协同工作。这些内部主机其实是有效的次层堡垒主机，对它们就应像保护堡垒主机一样加以保护。可以在它上面多放一些服务，但对它们的配置必须遵循与堡垒主机一样的过程。

2. 堡垒主机建设时的考虑因素

（1）操作系统

用户应该选择较为熟悉、较为安全的操作系统作为堡垒主机的操作系统。一个配置好的堡垒主机是一个具有高度限制性的操作环境的软件平台，对它的进一步开发与完善最好在其他机器上完成后再移植，这样做也为开发器间内部网的其他外设与机器交换信息提供了方便。

用户需要能够可靠地提供一系列网络服务的机器，这些服务能够为多个用户同时工作。如果用户的网点全部使用 MS-DOS Windows 或者 Macintosh 系统，这时便会发现还需要其他平台作为用户的堡垒主机。由于 UNIX 是能提供 Internet 服务的最流行操作系统，当堡垒主机在 UNIX 操作系统运行时，有大量现成的工具可以使用，在没有发现更好的操作系统之前，可选用 UNIX 作为堡垒主机的操作系统。同时，在 UNIX 下面也易于找到建立堡垒主机的工具软件。也可以选择其他操作系统，但要考虑对以后工作的影响。

（2）机器速度

作为堡垒主机的计算机并不要求有很高的速度，实际上，选用功能并不十分强大的机器作为堡垒主机反而更好。除了经费问题外，选择机器只要物尽其用即可，因为在堡垒主机上提供的服务运算量并不很大。

堡垒主机上的运算量不大，对其运算速度的要求由它的内部网和外部网的速度决定。网络在 56KB/S（T1 干线）速度下，处理电子邮件、DNS、FTP 和代理服务并不占用很多 CPU 资源。但是，如果在堡垒主机上运行具有压缩/解压功能的软件和搜索服务，或有可能同时为几十个用户提供代理服务，那就需要更高速的机器了。如果站点在网络上常受欢迎，那么对外的服务也很多，也就需要速度较快的机器来充当堡垒主机。针对这种情况，也可使用多堡垒主机结构。

二、入侵检测技术及其性能评测

（一）入侵检测系统技术

入侵不仅包括发起攻击的人（如恶意的黑客）取得超出合法范围的系统控制权，也包括收集漏洞信息，造成拒绝访问（DoS）等对计算机系统造成危害的行为。入侵行为不仅来自外部，同时也指内部用户的未授权活动。从入侵策略的角度可将入侵检测的内容分为试图闯入、成功闯入、冒充其他用户、违反安全策略、合法用户的泄露、独占资源与恶意使用。

1. 入侵检测系统的功能

"随着互联网时代的发展，内部威胁、零日漏洞和 DoS 攻击等攻击行为日益增加，网络安全变得越来越重要，入侵检测已成为网络攻击检测的一种重要手段。"入侵检测系统能在入侵攻击对系统发生危害前检测到入侵攻击，并利用报警与防护系统驱逐入侵攻击；在入侵攻击过程中，尽可能地减少入侵攻击所造成的损失；在被入侵攻击后，能收集入侵攻击的相关信息，作为防范系统的知识添加到知识库内，从而增强系统的防范能力。

（1）监控、分析用户与系统的活动

监控、分析用户与系统的活动是入侵检测系统能够完成入侵检测任务的前提条件，入侵检测系统通过获取进出某台主机及整个网络的数据，或者通过查看主机日志等信息来监控用户与系统活动，获取网络数据的方法一般是"抓包"，即将数据流中的所有包都抓下来进行分析。

如果入侵检测系统不能实时地截获数据包并对它们进行分析，就会出现漏包或网络阻塞的现象。前一种情况下系统的漏报会很多，后一种情况会影响入侵检测系统所在主机或网络的数据流速，入侵检测系统成为整个系统的瓶颈。

因此，入侵检测系统不仅要能够监控、分析用户与系统的活动，还要使这些操作足够快。

（2）发现入侵企图或者计算机异常现象

发现入侵企图或计算机异常现象是入侵检测系统的核心功能，主要包括两个方面：一是入侵检测系统对进出网络或主机的数据流进行监控，查看是否存在入侵行为；二是评估系统关键资源和数据文件的完整性，查看系统是否已经遭受了入侵。前者的作用是在入侵行为发生时及时发现，从而避免系统遭受攻击。后者一般是攻击行为已经发生，但可以通过攻击行为留下痕迹的一些情况，从而避免再次遭受攻击。对系统资源完整性的检查也有利于对攻击者进行追踪或者取证。

对于网络数据流的监控，可以使用异常检测的方法，也可以使用误用检测的方法。目前还有很多新技术，但多数还在理论研究阶段。现在的入侵检测产品使用的主要还是模式匹配技术。检测技术的好坏，直接关系到系统能否精确地检测出攻击，因此，对于这方面的研究是入侵检测系统研究领域的主要工作。

（3）记录、报警与响应

入侵检测系统在检测到攻击后，应该采取相应的措施来阻止或响应攻击，它应该记录攻击的基本情况，并及时发出警告。良好的入侵检测系统不仅应该能把相关数据记录在文件或数据库中，还应该提供报表打印功能。必要时，系统还可以采取必要的响应行为，如拒绝接收所有来自某台计算机的数据，追踪入侵行为等。实现与防火墙等安全部件的交互响应，也是入侵检测系统需要研究和完善的功能之一。

作为一个功能完善的入侵检测系统，除具备上述基本功能外，还应该包括其他一些功能，如审计系统的配置和弱点评估、关键系统和数据文件的完整性检查等。

此外，入侵检测系统还应该为管理员和用户提供友好、易用的界面，方便管理员设置用户权限、管理数据库、手工设置和修改规则、处理报警和浏览、打印数据等。

2. 入侵检测系统的类型

根据不同的分类标准，入侵检测系统可分为不同的类别。对于入侵检测系统要考虑的因素（分类依据）主要的有数据源、入侵、事件生成、事件处理与检测方法等。

（1）按照数据源划分

入侵检测系统要对所监控的网络或主机的当前状态做出判断，需要以原始数据中包含的信息为基础。按照原始数据的来源，可以将入侵检测系统分为基于主机的入侵检测系统、基于网络的入侵检测系统和基于应用的入侵检测系统等类型。

①基于主机的入侵检测系统。该系统主要用于保护运行关键应用的服务器，它通过监视与分析主机的审计记录和日志文件来检测入侵，日志中包含发生在系统上的不寻常活动的证据。这些证据可以指出有人正在入侵或已成功入侵了系统。通过查看日志文件，能够发现成功的入侵或入侵企图，并启动相应的应急措施。

②基于网络的入侵检测系统。该系统主要用于实时监控网络关键路径的信息，它能够监听网络上的所有分组，并采集数据以分析可疑现象。它使用原始网络包作为数据源，通常利用一个运行在混杂模式下的网络适配器来实时监视，并分析通过网络的所有通信业务。此外，它可以提供许多基于主机的入侵检测法无法提供的功能。许多客户在最初使用入侵检测系统时，都配置了基于网络的入侵检测。

③基于应用的入侵检测系统。该系统是基于主机的入侵检测系统的一个特殊子集，其特性、优缺点与基于主机的入侵检测系统基本相同。由于这种技术能够更准确地监控用户某一应用行为，所以在蓬勃发展的电子商务中越来越受到关注。

这三种入侵检测系统具有互补性，基于网络的入侵检测能够客观地反映网络活动，特别是能够监视到系统审计的盲区；而基于主机和基于应用的入侵检测能够更加精确地监视系统中的各种活动。

（2）按照检测原理划分

根据系统所采用的检测方法，可以将入侵检测分为异常入侵检测和误用入侵检测两类。

①异常入侵检测。异常入侵检测是指能够根据异常行为和使用计算机资源的情况检测入侵。一场检测基于这样的假设和前提：用户活动是有规律的，而且这种规律可以通过数据进行有效的描述和识别；入侵时异常活动的子集和用户的正常活动有着可以描述的明显的区别。异常监测系统先经过一个学习阶段，总结正常的行为的轮廓成为自己的先验知识，系统运行时将信息采集子系统获得并预处理后的数据与正常行为模式比较，如果差异不超出预设阈值，则认为是正常的，出现较大差异即超过阈值则判定为入侵。

②误用入侵检测。误用入侵检测是指利用已知系统和应用软件的弱点攻击模式来检测入侵。与异常入侵检测不同，误用入侵检测能直接检测不利或不可接受的行为，而异常入侵检测则是检查出与正常行为相违背的行为。

（3）按照体系结构划分

按照体系结构，入侵检测系统可分为集中式、等级式和协作式三种。

①集中式。集中式入侵检测系统包含多个分布于不同主机上的审计程序，但只有一个中央入侵检测服务器，审计程序把收集到的数据发送给中央服务器进行分析处理。这种结构的入侵检测系统在可伸缩性、可配置性方面存在致命缺陷。随着网络规模的增加，主机审计程序和服务器之间传送的数据量激增，会导致网络性能大大降低；一旦中央服务器出现故障，整个系统就会陷入瘫痪。此外，根据各个主机不同需求配置服务器也非常复杂。

②等级式。在等级式（部分分布式）入侵检测系统中，定义了若干个分等级的监控区域，每个入侵检测系统负责一个区域，每一级入侵检测系统只负责分析所监控区域，然后将当地的分析结果传送给上一级入侵检测系统。当网络拓扑结构改变时，区域分析结果的汇总机制也需要做相应的调整；这种结构的入侵检测系统最终还是要把收集到的结果传送到最高级的检测服务器进行全局分析，所以系统的安全性并没有实质性的改进。

③协作式。协作式（分布式）入侵检测系统将中央检测服务器的任务分配给多个基于主机的入侵检测系统。这些入侵检测系统不分等级，各司其职，负责

监控当地主机的某些活动，可伸缩性、安全性都得到了显著的提高，但维护成本也相应增大，并且加大了所监控主机的工作负荷，如通信机制、审计开销、踪迹分析等。

（4）按照工作方式划分

入侵检测系统根据工作方式，可分为离线检测系统和在线检测系统。

①离线检测系统。离线检测系统是一种非实时工作的系统，在事件发生后分析审计事件，从中检查入侵事件。这类系统的成本低，可以分析大量事件，调查长期的情况；但由于是在事后进行，不能对系统提供及时的保护，而且很多入侵在完成后都会将审计事件删除，因而无法审计。

②在线检测系统。在线检测对网络数据包或主机的审计事件进行实时分析，可以快速响应，保护系统安全；但在系统规模较大时，难以保证实时性。

3. 入侵检测的步骤

入侵检测通过执行任务来实现：监视、分析用户及系统活动；系统构造和弱点的审计；识别、反馈已知进攻的活动模式并向相关人士报警；异常行为模式的统计分析；评估重要系统和数据文件的完整性；操作系统的审计跟踪管理，并识别用户违反安全策略的行为。入侵检测的一般步骤包括信息收集和信息检测分析。

（1）信息收集

网络入侵检测的第一步是信息收集，内容包括系统、计算机网络、数据及用户活动的状态和行为。而且，需要在计算机网络系统中的若干不同关键点（不同网段和不同主机）收集信息。这除了尽可能扩大检测范围的因素外，还有一个重要的因素就是从一个信息源来的信息有可能看不出疑点，但从几个来源的信息的不一致性却是可疑行为或入侵的最好标志。入侵检测很大程度上依赖于收集信息的可靠性和正确性。入侵检测利用的信息一般来自以下四个方面。

①系统和计算机网络日志文件。入侵者经常在系统日志文件中留下他们的踪迹，因此充分利用系统和计算机网络日志文件信息是检测入侵的必要条件。日志文件中记录了各种行为类型，每种类型又包含不同的信息。例如，记录"用户活动"类型的日志就包含登录、用户 ID 改变、用户对文件的访问、授权和认证信息等内容。

②目录和文件中不期望的改变。计算机网络环境中的文件系统包含很多软件和数据文件，其中含有重要信息的文件和私有数据文件经常是攻击者修改或破坏的目标。目录和文件中不期望的改变（包括修改、创建和删除），特别是那些正常情况下限制访问的，很可能就是一种入侵产生的指示和信号。攻击者经常替换、修改和破坏他们获得访问权系统中的文件，同时为了隐藏系统中他们的表现及活动痕迹，都会尽力去替换系统程序或修改系统日志文件。

③程序执行中的不期望行为。计算机网络系统中的程序一般包括操作系统、计算机网络服务、用户启动的程序和特定目的的应用。每个在系统上执行的程序由一到多个进程实现，而每个进程又在具有不同权限的环境中执行，这种环境控制着进程可访问的系统资源、程序和数据文件等。一个进程的执行行为由它运行时执行的操作来表现，操作执行的方式不同，它利用的系统资源也就不同。一个进程出现了不期望的行为，表明可能有人正在入侵该系统。入侵者可能会将程序或服务的运行分解，从而导致它失败，或者以非用户或管理员意图的方式操作。

④物理形式的入侵信息。物理形式的入侵信息包括两个方面的内容：一是未授权地对计算机网络硬件的连接，二是对物理资源的未授权访问。入侵者会想方设法突破计算机网络的周边防卫，如果他们能够在物理上访问内部网，就能安装他们自己的设备和软件，进而探知网上由用户加上去的不安全（未授权）设备，然后利用这些设备访问计算机网络。

（2）信息检测分析

信息收集器将收集到的有关系统、计算机网络、数据及用户活动的状态和行为等信息传送到分析器，由分析器对其进行分析。分析器一般采用三种技术对其进行分析：模式匹配、统计分析和完整性分析。前两种方法用于实时的计算机网络入侵检测，而完整性分析用于事后的计算机网络入侵检测。

①模式匹配。它是将收集到的信息与已知的计算机网络入侵与系统误用模式数据库进行比较，从而发现违背安全策略的行为。该过程可以很简单（如通过字符串匹配以寻找一个简单的条目或指令），也可以很复杂（如利用正规的数学表达式来表示安全状态的变化）。该方法的一大优点是只须收集相关的数据集合，极大地减轻了系统负担，且技术已相当成熟；与病毒防火墙采用的方法一样，检测的准确率和效率都相当高。但是，该方法的弱点就是需要不断地升级以对付不

断出现的攻击手段，不能检测到从未出现过的攻击手段。

②统计分析。统计分析方法首先给系统对象（如用户、文件、目录和设备等）创建一个统计描述，统计正常使用时的一些测量属性（如访问次数、操作失败次数和时延等）。测量属性的平均值将被用来与计算机网络、系统的行为进行比较，任何观察值在正常范围之外时，就认为有入侵发生。其优点是可检测到未知的入侵和更为复杂的入侵；缺点是误报、漏报率高，且不适应用户正常行为的突然改变。具体的统计分析方法有基于专家系统的分析方法、基于模型推理的分析方法和基于神经计算机网络的分析方法。

③完整性分析。完整性分析主要关注某个文件或对象是否被更改。完整性分析利用强有力的加密机制（称为消息摘要函数），能够识别哪怕是微小的变化。其优点是不管模式匹配方法和统计分析方法能否发现入侵，只要是成功的攻击导致了文件或其他对象的任何改变，它都能发现。缺点是一般以批处理方式实现，不用于实时响应。尽管如此，完整性检测方法依然是维护计算机网络安全的必要手段之一。

（二）入侵检测技术的性能测评

入侵检测技术的标准化是提高入侵检测产品功能和加强技术合作的重要手段。到目前为止，还没有广泛接受的入侵检测相关国际标准。美国国防高级研究计划署（DARPA）和互联网工程任务组（IETF）的入侵检测工作组（IDWG）在这方面做了很多工作。我国有关网络安全产品检测部门也做了很多卓有成效的工作，给出了主机入侵检测产品和网络入侵检测产品的规范。

入侵检测技术评测没有统一的标准，但大部分的测试过程都遵循下面的基本测试步骤。

第一，创建、选择一些测试工具或测试脚本。这些脚本和工具主要用来生成模拟的正常行为及入侵，也就是模拟 DS 运行的实际环境。

第二，确定计算环境所要求的条件，如背景计算机活动的级别。

第三，配置运行 IDS。

第四，运行测试工具或测试脚本。

第五，分析 IDS 的检测结果。

　　测试可以分为三类，分别为入侵识别测试（也是 DS 有效性测试）、资源消耗测试和强度测试。入侵识别测试测量 DS 区分正常行为和入侵的能力，主要衡量的指标是检测率和虚警率；资源消耗测试测量 DS 占用系统资源的状况，考虑的主要因素是硬盘占用空间、内存消耗等；强度测试主要检测 DS 在强负荷运行状况下检测效果是否受影响，主要包括大负载、高密度数据流量情况下对检测效果的检测。

第三章　数据库技术与安全

数据库技术是信息系统的核心，它涉及数据的组织、存储、管理以及高效获取和处理。数据库技术包括关系型数据库（RDBMS）如 MySQL、Oracle，以及非关系型数据库（NoSQL）如 MongoDB 和 Redis。它旨在减少数据冗余、实现数据共享、保障数据安全，并支持数据的高效检索和处理。数据库安全则专注于保护数据库免受未授权访问、数据泄露、篡改或破坏。这包括实施物理安全措施、网络安全策略、数据加密、访问控制、审计和监控等。数据库安全措施能够应对来自内部和外部的各种威胁，确保数据的保密性、完整性和可用性。

第一节　数据库系统概论

一、信息数据与数据处理

在科学、技术、经济、文化和军事等各个领域会遇到大量的数据，如何科学地管理数据是一个重要的课题。数据库技术是使用计算机来管理数据的科学技术，经过多年的研究和实践，数据库技术已发展成为一门完整的学科，运用数据库技术科学、有效地管理数据，已成为计算机应用的重要领域。

（一）信息与数据

计算机的出现，开创了数据处理的新纪元。数据处理的基本要素是数据的组织、存储、检索、维护和加工利用，这些正是数据库系统所要解决的问题。

数据是数据库系统研究和处理的对象。数据与信息是分不开的，它们既有联系又有区别。

1. 信息

随着社会的发展和科学技术的进步，人们对"信息"这个名词已经不再陌生。对于信息的定义，从不同角度来说又有着不同的解释。一般认为，信息是人们进行各种活动所需要的知识，也是现实世界各种状态的反映。合理地利用信息可以增加人们的知识，提高人们对事物的认识能力。在现代社会，不论是生产、科学研究和社会活动，还是个人生活，都离不开信息。

2. 数据

数据是描述信息的符号，也是信息的载体。符号的形式多种多样，如数值、文本、图形、图像、声音等类型。利用计算机进行信息处理，就需要把信息转换为计算机能够识别的符号，即用 0 和 1 两个编码符号来表示各种信息。

数据和信息既有联系又有区别。如果把客观世界的某种现象或观念所反映的知识用一定的方法描述出来，那么前者是信息，后者是数据，因为信息和数据都是通过现象和概念反映知识的，这是它们的共同点。因此当不需要严格区分时，这两者是一样的。

信息以数据的形式处理，而处理的结果又可能产生新的信息。

（二）数据处理

数据处理是指对各种形式的数据进行收集、存储、加工和传播等一系列活动的总和。其目的是从大量的、原始的数据中抽取、推导出对人们有价值的信息，以作为行动和决策的依据；数据处理从根本上来说是为了借助计算机科学地保存和管理复杂的、大量的数据，以便人们能方便且充分地利用这些宝贵的信息资源。

在数据处理的一系列活动中，数据的收集、组织、存储、传播、检索、分类等活动是基本环节，这些基本环节统称为数据管理或信息管理。在数据处理中，数据的加工、计算、打印报表等操作对不同的业务部门可以有不同的内容。数据库技术属于数据管理技术。数据库技术所研究的问题就是如何科学地组织和存储数据，如何高效地获取和处理数据。

二、数据库的体系结构

数据库系统的体系结构是数据库系统的一个总体框架。尽管实际的数据库系统软件产品多种多样，它们支持不同的数据模型、使用不同的数据库语言、建立在不同的操作系统之上，数据的存储结构也各不相同。但是绝大多数的数据库系统在体系结构上都具有三级模式的结构特征。

（一）数据库系统的模式结构

在数据模型中有"型"和"值"的概念。型是指对某一类数据的结构和属性的说明，值是型的一个具体赋值。例如学生记录定义为学号、姓名、性别、年龄、所在系、专业这样的记录型，而"S040112""周芬健""男""19""电子系""通信"则是该记录型的一个记录值。

模式是数据库中全体数据的逻辑结构和特征的描述，它仅仅涉及型的描述，不涉及具体的值。模式的一个具体值称为模式的一个实例。一个模式可以有很多实例。模式是相对稳定的，而实例是相对变动的，因为数据库中的数据是在不断更新的。模式反映的是数据结构及其关系，而实例反映的是数据库某一时刻的状态。

数据库系统由模式、外模式和内模式三级抽象模式组成。

（二）三级模式结构

数据库系统的三级模式是数据的三个抽象级别。它把数据的具体组织留给DBMS 管理，使用户能逻辑地、抽象地处理数据，而不必关心数据在计算机中的表示和存储方式。

1. 模式

模式亦称逻辑模式或概念模式，它描述的是数据的全局逻辑结构：模式是数据库中全部数据的逻辑表示或描述。它是数据库体系结构的中间层所谓"逻辑"是指独立于存储的关于数据类型，以及它们之间联系的形式表示或描述。模式不涉及数据的物理存储细节和硬件环境，不涉及具体的应用程序和程序语言等。

一个数据库只有一个模式，模式除了定义数据的逻辑结构外，还定义与数据有关的安全性、完整性等。换言之，模式既要定义数据记录内部的结构，又要定义数据项之间的关系及记录之间的关系。

数据库管理系统提供模式数据语言（模式 DDL），用模式 DDL 写出的一个数据库逻辑定义的全部语句称为某一个数据库的模式。模式是对数据库结构的一种描述，是数据库的一个框架，而不是数据库本身。

2. 外模式

外模式亦称子模式或用户模式，它是数据库用户（包括应用程序员和最终用户）能够看到与使用的局部逻辑结构和特征的描述，也是与应用有关的数据的逻辑表示。

一个数据库可以有多个外模式。不同用户的外模式可以互相覆盖，同一外模式可以为某一用户的任意多个应用程序所使用，一个应用程序只能使用一个外模式。

外模式通常是模式的子集，它是各个用户的数据视图，因用户需求不同，看待数据的方式可以不同，对数据保密的要求可以不同，使用的程序设计语言也可以不同。因此，不同用户外模式的描述是不同的。

外模式是保证数据安全性的一个有力措施。每个用户只能看到和访问所对应的外模式中的数据，数据库中的其余数据是不可见的。

数据库管理系统提供外模式数据描述语言（外模式 DDL）用来描述用户数据视图，用外模式 DDL 写出的一个用户数据视图的逻辑定义的全部语句称为此用户的外模式。

3. 内模式

内模式亦称物理模式或存储模式，它是全体数据库数据的内部表示或者底层描述。内模式被用来定义数据的存储方式和物理结构。例如记录是按顺序结构存储还是按链式结构存储，或按散列结构存储；索引的组织方式是什么；数据是否压缩存储，是否加密；数据存储记录结构的规定；等等。

一个数据库只有一个内模式。内模式通常用内模式数据描述语言（内模式 DDL，亦称存储模式 DDL）来描述和定义。

（三）两级模式映像及数据独立性

数据库系统的三级模式之间的二级映像将模式映像至内模式，以及将外模式映像至模式，正是这两层映像保证了数据库系统中的数据具有较高的数据独立性。

1. 两级模式映像

（1）外模式—模式映像

模式描述的是数据库数据的全局逻辑结构，外模式描述的是数据的局部逻辑结构。对应于同一个模式，可以有任意多个外模式。对于每一个外模式，数据库管理系统都有一个外模式—模式的映像，它定义了该外模式和模式之间的对应关系，这些映像定义通常包含在各自外模式的描述中。

（2）模式—内模式映像

模式—内模式映像定义数据的全局逻辑结构与存储结构之间的对应关系（例如说明逻辑记录和字段在内部是如何表示的）。该映像定义，通常包含在模式的描述部分中。

2. 两级数据独立性

在数据库技术中，数据独立性是指应用程序和数据之间相互独立，不受影响，即当数据的结构改变时，应用程序可以不变。数据独立性分成物理独立性和逻辑独立性两级。

（1）物理独立性

如果数据库的内模式要进行改变，即数据库的存储设备和存储方法有所变化，那么只要对模式—内模式的映像做相应的修改（这是数据库管理员的责任），就可以使模式尽可能保持不变，从而使应用程序保持不变。这样，我们就称数据库达到了物理数据独立性。

（2）逻辑独立性

如果数据库的逻辑模式要进行改变，例如，增加记录类型或增加数据项，那么只要对外模式—模式的映像做相应的修改（这也是数据库管理员的责任），就可以使外模式尽可能保持不变，从而使应用程序保持不变，这样，我们就称数据库达到了逻辑数据独立性。

三、数据库系统

数据库系统（DBS）是一个实际可运行的、按照数据库方式存储、维护和为应用系统提供数据或信息支持的系统。它是存储介质、处理对象和管理系统的集合体。

（一）数据库系统的组成

数据库系统是指在计算机系统中引入数据库后构成的综合系统。

1. 数据库

数据库（DataBase，DB）是存放数据的仓库，也是长期存储在计算机内的、有组织的、可共享的数据集合。数据库中的数据按一定的数据模型组织、描述和存储，具有较小的冗余度、较高的数据独立性和易扩展性，并可为一定范围内的各种用户共享。

数据库通常由两大部分组成：一部分是应用数据的集合，称为物理数据库，它是数据库的主体；另一部分是关于各级数据结构的描述，称为描述数据库。

2. 硬件

数据库系统的硬件包括中央处理器、内存、外存、输入/输出（I/O）设备、数据通道等硬件设备：由于数据库系统所存放和处理的数据量很大，加之数据库管理系统丰富的功能使得其自身的规模也很大，因此整个数据库系统对硬件资源提出了较高的要求，特别要关注内存、外存、I/O 存取速度、可支持终端数和性能稳定性等指标。在许多应用中，还要考虑系统支持联网的能力和配备必要的后备存储器等因素。此外，还要求系统有较高的通道能力，以提高数据的传输速度。

3. 软件

数据库系统的软件包括数据库管理系统、操作系统、各种宿主语言和应用开发支撑软件等。

4. 数据库用户

数据库系统的基本目标是为用户和各种应用系统提供一个高效的运行环境：不同的用户涉及不同的数据抽象级别，具有不同的数据视图。根据与数据库系统接触方式的不同，数据库系统的用户可以分为四类。

（1）数据库管理员

数据库管理员（Database Administrator，DBA）是控制数据整体结构的人，负责数据库系统的正常运行。数据库管理员可以是一个人，在大型系统中也可以是由几个人组成的小组。数据库管理员负责数据库物理结构与逻辑结构的定义、修改，承担创建、监控和维护整个数据库结构的责任。

（2）专业用户

专业用户是指系统分析员和数据库设计人员。系统分析员负责应用系统的需求分析和规范说明，他们要和用户及数据库管理员相结合，确定系统的硬软件配置并参与数据库系统的概要设计。

数据库设计人员负责数据库中数据的确定、数据库各级模式的设计。数据库设计人员必须参加用户需求调查和系统分析，然后进行数据库设计。

（3）应用程序员

应用程序员是使用宿主语言和数据操作语言编写应用程序的计算机工作者。应用程序员负责设计和编写应用系统的程序模块，并进行调试和安装。

（4）最终用户

最终用户是使用应用程序的非专业人员（如银行的出纳员、商店的销售员等），他们通过应用系统的用户接口使用数据库。常用的接口方式有浏览器、菜单驱动、表格操作、图形显示、报表书写等。

（二）数据库管理系统

数据库管理系统是指数据库系统中对数据进行管理的软件系统。它是数据库系统的核心组成部分，数据库系统的一切操作（包括查询、更新及各种控制）都是通过 DBMS 进行的。DBMS 是基于某种数据模型的。根据所采用的数据模型的不同，DBMS 可以分为层次型、网状型、关系型等若干类型，但在不同的计算机系统中，由于缺乏统一的标准，即使是同种类型的 DBMS，它们在用户接口、系统功能等方面也常不同。

数据库管理系统是为数据库的建立、使用和维护而配置的软件，它建立在操作系统的基础上，对数据库进行统一的管理和控制。用户使用各种数据库命令及执行应用程序都要通过数据库管理系统。数据库管理系统还承担着数据库的维护工作，按照数据库管理员所规定的要求，保证数据库的安全性和完整性。

数据库管理系统的基本功能如下：

1. 数据库定义功能

DBMS 提供的数据定义语言（DDL）用于定义数据库的结构，描述模式、子模式和存储模式及其模式之间的映像，定义数据的完整约束条件和访问控制条件等。这些定义通常由数据库管理员或数据所有者按系统提供的数据定义语言的源形式给出，由 DBMS 自动将其转换成内部目标形式存入数据字典，供以后进行数据操作或数据控制时查阅使用，某些定义也允许用户查阅。

2. 数据库操纵功能

数据库管理系统一般均提供数据操纵语言（DML），允许用户根据需要在授权的范围内对数据库中的数据进行操作，包括对数据库中数据的检索、插入、修改和删除等操作。

数据操纵语言一般分为以下两种：

（1）交互式命令语言

该语言语法简单，可在终端上交互操作。

（2）宿主型语言

该语言一般可嵌入某些主语言中，如可嵌入 FORTRAN、C、PASCAL 等高级语言中。这种语言本身不能独立使用，因此它被称为宿主型语言。

3. 数据库控制功能

DBMS 对数据库的控制功能主要包括以下四种：

（1）数据安全性控制

它是对数据库的一种保护，作用是防止数据库中的数据被未经授权的用户访问，并防止在有意或无意中对数据库造成的破坏性改变。

（2）数据完整性控制

它是 DBMS 对数据库提供保护的另一个重要方面。其完整性控制的目的主要是保证进入数据库的数据及其语义的正确性和有效性，防止任何操作对数据造成违反其语义的改变。

（3）数据库的恢复

它是 DBMS 在数据库被破坏或数据不正确时，系统有能力把数据库恢复到正确的状态。

（4）数据库的并发控制

多个用户同时对同一个数据进行操作，可能造成对数据库中数据的破坏，DBMS 的并发控制机制可防止上述问题的发生，正确处理好多用户、多任务环境下的并发操作。

4. 数据库的服务功能

DBMS 有许多实用程序提供给数据库管理员运行数据库系统时使用，这些程序起着维护数据库的作用。它包括数据库中初始数据的录入，数据库的转储、重组、性能监测、分析与系统恢复等功能。

（三）数据库管理员

要想成功地运转数据库，就要在数据处理部门配备管理人员——数据库管理人员。数据库管理人员必须具有熟悉企业全部数据的性质和用途、对用户的需求有充分的了解、对系统的性能非常熟悉等素质。

数据库管理人员的主要职责如下：

1. 决定数据库的信息内容和结构

在数据库中存放哪些信息最终由数据库管理人员决定，为此数据库管理人员必须参与数据库设计的全过程，与用户、应用程序员、系统分析员紧密结合，设计概念模式，决定与应用有关的实体、实体之间的关系和实体的属性。

2. 决定数据库的存储结构和存取策略

数据库管理人员要综合各用户的应用要求，与数据库设计人员共同决定数据库的存储结构和存取策略。

3. 定义数据库的安全性要求和完整性约束条件

数据库管理人员负责确定不同用户对数据库的存取权限、数据的保密级别和完整性约束条件等。

4. 监督和控制数据库的使用和运行

数据库管理人员负责监视数据库系统的运行情况，及时处理运行过程中在最短时间内把数据库恢复到某一正确的状态，且尽可能不影响或少影响计算机系统其他部分的正常运行。为此，数据库管理人员要定义与实施适当的备份和恢复策略，如周期性地转储数据、维护日志文件等。

5. 数据库系统的性能改进

数据库管理人员负责监视、分析系统的性能。系统的性能包括空间利用率和处理效率两个方面。数据库管理人员要负责对运行状况进行记录、统计分析，依靠工作实践，并根据实际应用环境，不断改进数据库设计。

6. 数据库系统的重组

在数据库运行过程中，许多数据不断插入、删除、修改，时间一长会影响系统的性能。数据库管理人员要定期地按一定的策略对数据库进行重新组织。当增加或改变用户的需求时，数据库管理人员还要对数据库进行较大的改造，包括内模式和模式的修改，即数据库的重构造。

第二节　关系数据库系统

一、关系模型的基本概念

关系数据库是以关系模型为基础的数据库，它是运用数学理论处理数据的一种方法。关系数据库具有简单灵活的数据模型和较高的数据独立性，能提供具有良好性能的语言接口，并且具有比较坚实的理论基础等优点，是目前最为流行的数据库系统。例如 Oracle 就是其中比较有名的关系数据库系统，它可在 BM 大型机、DEC 等厂家的小型机及 BM 个人计算机上运行，受到了用户的欢迎。另外，由于微型机的日益普及，SQL Server、FoxPro 等关系数据库系统也被广泛地用于各个领域。

（一）关系模型的基本术语

在关系模型中，用二维表结构来表示实体及实体间的关系。

1. 关系

一个关系对应一个二维表，二维表名就是关系名。

2. 属性及值域

二维表中的列（字段）称为关系的属性。属性的个数称为关系的元数，又称为度。度为 1 的关系称为一元关系，度为 2 的关系称为二元关系，度为 n 的关系称为 n 元关系。关系的属性包括属性名和属性值两部分，其列名即为属性名，列值即为属性值。属性值的取值范围称为值域。每一个属性对应一个值域，不同属性的值域可以相同。

3. 关系模式

二维表中的行定义（表头）、记录的类型（即对关系的描述）称为关系模式。

4. 元组

二维表中的一行，即每一条记录的值称为关系的一个元组。其中，每一个属性的值称为元组的分量。关系由关系模式和元组的集合组成。

5. 键

键是由一个或几个属性组成的，在实际使用中，有以下三种键：

（1）超键

在关系中，能唯一标识元组的属性或属性的组合称为该关系的超键。

（2）候选键

在关系中，不含有多余属性的超键称为该关系的候选键。在候选键中若要再删除属性，就不是键了。

（3）主键

在关系中，用户选作元组标识的一个候选键称为该关系的主键。

6. 主属性与非主属性

在一个关系中，包含在任何一个候选键中的属性称为主属性，不包含在任何一个候选键中的属性称为非主属性。

7. 外键、参照关系与依赖关系

当一个关系中的某个属性或属性的组合虽然不是该关系的主键或只是主键的一部分，但却是另一个关系的主键，且其值来源于另一关系的主键值时，称该属性或属性的组合为这个关系的外键。以外键作为主键的关系称为参照关系或主关系，外键所在的关系称为依赖关系或从关系。在关系模型中，两个关系之间的关联是通过外键实现的。

（二）关系的定义和性质

尽管关系对应的是二维表，但不是任意的一个二维表都能表示一个关系。严格地说，关系是一种规范化了的二维表。在关系模型中，对关系做了下列规范性限制：

第一，关系中的每一个属性值是不可分解的，也就是说，要求关系的每一个分量必须是一个不可分的数据项。这是关系数据库对关系的最基本限制。

第二，每一个关系模式中属性的数据类型及属性的个数是确定的，并且在同一个关系模式中，属性名必须是不同的。

第三，关系中元组的顺序无关紧要，即没有行序。

第四，关系中属性的顺序可任意交换，即没有列序。

第五，同一个关系中不允许出现完全相同的元组。

（三）关系模型的三要素

关系模型由数据结构、关系操作及完整性规则组成。

1. 数据结构

关系模型中所选用的数据结构为二维表结构，一个二维表就是一个关系，即用关系来描述实体集，同时也用关系来描述实体之间的关系。关系模型已成为数据库系统普遍选用的模型。

2. 关系操作

关系模型中的数据操作是非过程化的，用户只须指出做什么，不必指出怎么做。关系操作能力的表达有两种方法。

（1）代数方法：也称为关系代数，以集合（关系是元素的集合）操作为基础，应用对关系的专门运算来表达查询的要求。

（2）逻辑方法：也称为关系演算，以谓词演算为基础，通过元组必须满足的谓词公式来表达查询要求。

对于关系数据库，这两种方法在表达能力上是等价的。需要说明的是，关系数据库的操作包括对数据的查询和更新，查询用于各种检索操作，更新用于插入、删除和修改等操作，其中数据查询的表达是关系操作中最重要的部分。

3. 完整性规则

数据完整性由完整性规则来定义，关系模型的完整性规则是对关系的某种约束条件。在关系模型中，数据的约束条件通过三类完整性约束条件来描述，它们是实体完整性、参照完整性和用户定义的完整性。为了维护数据库中的数据完整性，在对关系数据库执行插入、删除和修改等操作时，必须遵守这三类完整性规则。

（1）实体完整性

在关系中用主键来唯一地标识一个实体，若一个实体的主键值为空值（所谓空值是"不知道"或"无意义"的值），说明存在某个不可标识的实体，这与实体的概念相矛盾，即不存在不可标识的实体，因此限定关系中的主键值不能为空。关系的这种约束称为实体完整性。

在关系数据库系统中，用户在建立关系模式时，应定义该模式的某些属性为主键，然后由系统负责维护该模式下任何一个关系中的元组在这些属性上不能取空值，以保证关系数据库系统中的任何一个关系都满足实体完整性约束条件。

（2）参照完整性

参照完整性规则是用于约束外键的。若 F 是关系 R 中对应关系 S 的外键，则对于 R 中每个元组在 F 上的值有以下两种可能。

第一，或者取空值（户的每个属性值均为空）。

第二，或者等于 S 中某个元组的主键值。

关系 R 和 S 不一定是不同的关系。实体完整性和参照完整性由关系数据库管理系统自动维护。

（3）用户定义的完整性

关系数据库管理系统允许用户定义某一具体数据库所涉及的数据必须满足的约束条件。这种约束条件是对数据在语义范畴的描述，具体应由环境决定，这就是用户定义的完整性。

用户定义的完整性应由用户利用 DBMS 提供定义这类完整性的方法定义用户数据应满足的约束条件，然后由 DBMS 负责检验用户数据库是否满足用户定义的完整性。

二、关系代数

在关系模型下对数据库的操作都是以关系作为运算对象对一个或多个关系进行的集合运算，其运算结果仍是关系，这就是关系运算。

关系代数是以关系为运算对象的一组高级运算的集合。关系定义为元数相同的元组的集合，集合中的元素为元组。

关系代数的运算可分为以下两类。

一类是传统的集合运算，如并、交、差、广义笛卡儿积，这类运算将关系看成元组的集合，其运算是从关系的"水平"方向，即行的角度来进行的。

另一类是专门的关系运算，如选择、投影、连接和除法运算，这类运算不仅涉及行而且涉及列。

传统的集合运算是一个二目运算，也是在两个关系中进行的。但并不是任意的两个关系都能进行这种集合运算，而是要在两个满足一定条件的关系中进行运算。下面先看一个定义。

设给定两个关系 R 和 S，若满足具有相同的度 n，且 R 中的第 1 个属性和 S 中的第 1 个属性必须来自同一个域，则称关系 R 和 S 是相容的。

如果两个关系相容，则可以在这两个关系之间进行并、差、交三种传统的关系运算。如果两个关系不相容，则只能进行广义笛卡儿积运算。

三、关系模式的设计问题及范式

关系数据库规范化理论就是数据库设计的一种理论指南。规范化理论研究的是关系模式中各属性之间的依赖关系及其对数据模式性能的影响，探讨"好"的关系模式应该具备的性质，以及做到"好"的关系模式的设计算法。规范化理论是设计人员的有力工具，并使数据库设计工作有了严格的理论基础。

（一）关系模式的设计问题

关系数据库设计主要是关系模式的设计。关系模式设计的好坏将直接影响数据库的质量。

例如，商品供应关系模式 SUPPLY

= ｛SNO，SNAME，SCITY，CODE. PNO，PNAME，WEIGHT，QTY｝。

其中各属性的含义是。

SNO 是供应商号；SNAME 是供应商名；SCITY 是供应商所在的城市；CODE 是供应商所在城市的区号；PNO 是零件号；PNAME 是零件名；WEIGHT 是零件重量；QTY 是零件数量。

由现实世界中的事实可知：一个供应商只有一个供应商名、一个所在城市；一个城市只有一个区号；一种零件只有一个零件号、一个零件名、一个重量；一个供应商供应某一种零件，有一个确定的供应数量。因此该关系模式 SUPPLY 的主键是（SNO，PNO)。该模式在使用过程中明显存在下列问题：

1. 数据冗余

如果供应者提供多种零件，则每提供一种零件关系数据库就必须存储一次供应商的名称、所在城市及其区号信息。例如供应商 S2 供应两种零件，该供应商信息被存储两次。同样，当一种零件由各个供应商提供时，关系数据库也必须重复存储该零件的零件名和重量信息。

2. 修改异常

由于数据冗余，关系数据库中的数据在进行更新时会出现问题。当修改某些数据项时，关系数据库中可能有一部分相关元组被修改，而另一部分相关元组却没有被修改。例如供应商 S2 供应两种零件，在关系中就会有两个元组。如果该供应商所在城市改变了，这两个元组中的所在城市、区号都要改变。若有一个元组中的信息没有被修改，就造成该供应商所在的城市不唯一，产生错误的信息。

3. 插入异常

在关系理论中，每个关系必须用键值区分关系中的不同元组。当需要使用一种新的零件，而这种零件还没有任何一个供应商供应时，该零件的信息将无法进入数据库。例如若需要新零件 P052，但还未找到供应商，则该零件信息不能存入数据库。这是因为在关系模式 SUPPLY 中，（SNO，PNO）是主键，此时 SNO 为空值，实体完整性约束不允许主键为空或部分为空的元组在关系中出现，因此该零件的信息不能被数据库存储。

4. 删除异常

与插入问题相反，删除操作会引起一些信息的丢失，如某种原来使用的零件现在不使用了，那么就要把这种零件的所有元组都删除，但同时，只供应这种零件的供应商的信息也一起被删除。显然这不是人们希望的。例如零件 P102 不再使用，必须将该元组删除，而供应商 S1 的信息也会被删除。

基于上述模式中存在的问题，可将商品供应关系模式 SUPPLY 分解为以下四种模式：

（1）SUPPLIER（SNO，SNAME，SCITY）

（2）CITY（SCITY，CODE）

（3）PART（PNO，PNAME，WEIGHT）

（4）S_P（SNO，PNO，QTY）

关系模式 SUPPLIER 存放供应商信息，关系模式 CITY 存放城市信息，关系模式 PART 存放本件信息；关系模式 S_P 存放每个供应商供应每种零件的数量。这样分解后，前面提到的四个问题基本解决了。

将关系模式 SUPPLY 分解的方法有多种，可将商品供应关系模式 SUPPLY 分解为以下三种模式：

（1）SUPPLIER（SNO，SNAME，SCITY，CODE）

（2）PART（PNO，PNAME，WEIGHT）

（3）S_P（SNO，PNO，QTY）

解决关系模式存储异常的方法是模式分解，使分解后的模式达到一定的规范化级别（即范式），而模式分解的依据是函数依赖。函数依赖是关系数据库设计理论的重要部分。

（二）函数依赖

设 R（U）是属性集 U 上的关系模式，X、Y 是 U 的子集，若对于 R（U）的任意一个可能的关系 R，R 中不可能存在两个元组在 X 上的属性值相等，而在 Y 上的属性值不等，则称"X 函数决定 Y"或"X 函数依赖于 Y"，记作 X→Y。其中 X 称为决定因素，Y 称为依赖因素。

在关系模式 R（U）的当前值，的两个不同元组中，如果 X 值相同，就一定要求 Y 值也相同；或者说，对于 X 的每一个具体值，都有 Y 唯一的具体值与之对应，即 Y 值由 X 值决定，这就是函数依赖。

注意：函数依赖不是指关系模式 R 的某个或某些关系满足的约束条件，而是指 R 的一切关系均要满足的约束条件，因此不能仅考查关系模式 R 在某一时刻的关系值 r，就判定某函数依赖是否成立。

函数依赖是语义范畴的概念，只能根据语义来确定一个函数依赖是否成立。

（三）关系模式的范式

关系数据库的关系模式是要满足一定要求的，满足不同程度要求的关系模式称为范式（Normal Form）。满足最低要求的关系模式称为第一范式，简称 1NF。第一范式中进一步满足一些要求的称为第二范式，其余类推。

所谓"第几范式"是表示关系模式的某一种级别，所以经常称某一关系模式 R 为第几范式。当 R 为第 x 范式时，就可以写为 R∈xNF。

对于各种范式之间的关系，有 4NFBCNF3NF2NF1NF 成立。

一个低一级范式的关系模式，通过模式分解可以转换为由若干个高一级范式的关系模式组成的集合，这种过程称为规范化。

下面主要介绍 1NF、2NF、3NF：

1. 第一范式

设 R 是一个关系模式，如果 R 中每一个属性的值域中的每一个值都是不可分解的，则称 R 属于第一范式，简称 1NF。这是对关系模式的最低条件的要求。不满足上述条件的关系称为非规范化关系。在数据库系统中，凡是非规范化关系都需要转化成规范化关系。

非规范化的关系模式，这种非 1NF 的关系模式的缺点是更新操作困难。如果学号是 S040101 的学生想把自己选修的课程改为（信号与系统，网络技术），则系统在处理上将面临二义性，即是修改第一个元组中的课程属性值呢，还是把第二个元组中的学号属性值扩充为（S040101，S040102）。另外，如果想在关系 Study 中加入一个属性成绩，随之而来的是约束条件（学号，课程）→成绩，在这种非规范化的关系中也难以表示。

2. 第二范式

设 X→Y 是一个函数依赖，且对于任何 X 的真子集 X′，X′→Y 都不成立，则称 X→Y 是一个完全函数依赖；反之，如果 X′→Y 成立，则称 X→Y 是部分函数依赖。

设 R 是一个关系模式，如果 R 属于第一范式，并且 R 中任何一个非主属性都完全函数依赖于 R 的任意一个候选键，则称 R 属于第二范式，简称 2NF。

2NF 就是不允许关系模式的属性之间有 X→Y 的函数依赖，其中 X 是候选键的真子集，Y 是非主属性，即不允许有非主属性对候选键的部分函数依赖。

显然，2NF 消除了在 1NF 中的部分函数依赖。

3. 第三范式

设有关系模式 R（U），X、K、Z $\subseteq$ U，如果 X→Y（！Y→X），Y→Z，则有 X→Z，称 Z 传递函数依赖于 X。

设 R 是一个关系模式，如果 R 属于 2NF，且它的任何一个非主属性都不传递依赖于 R 的任一候选键，则称 R 是第三范式，简称 3NF。

3NF 就是不允许关系模式的属性之间有这样的非平凡函数依赖 X→Y，其中 X 不包含候选键，Y 是非主属性，X 不包含候选键的情况有两种：一种情况是 X 是候选键的真子集，这是 2NF 不允许的；另一种情况是 X 不是候选键的真子集，这是 3NF 不允许的。

显然，3NF 消除了在 2NF 中的传递函数依赖。

非主属性对键具有函数依赖不是第三范式的关系模式在操作时都存在着诸如插入异常、删除异常和数据冗余等问题，因此，可通过消除关系模式中非主属性间的函数依赖来解决这些问题。

第三节　数据库设计

一、数据库设计概述

数据库是现代各种计算机应用系统的核心。数据库所存储的信息能否正确地反映现实世界，能否在运行中及时、准确地为各个应用程序提供所需的数据，关系到以此数据库为基础的应用系统的性能。换言之，设计一个能够满足应用系统中各个应用要求的数据库，是数据库应用系统设计中的关键问题。

（一）数据库设计的内容

数据库的设计是从用户的数据需求、处理要求和建立数据库的环境条件（如硬件特性、操作系统和 DBMS 特性）及其他限制等出发，把给定的应用环境（现实世界）中存在的数据合理地组织起来，逐步抽象成已经选定的某个 DBMS 能够定义和描述的具体数据结构的过程。

数据库设计的主要内容如下：

1. 静态特性设计（又称结构特性设计）

静态特性设计：根据给定的应用环境和用户的数据需求，设计数据库的数据模型（即数据结构）或数据库模式静态特性设计包括数据库的概念结构设计和逻辑结构设计两个方面。

2. 动态特性设计

动态特性设计：根据应用处理要求，设计数据库的查询、事务处理和报表处理等应用程序。这种动态特性设计反映了数据库在处理上的要求，即动态要求，所以又称为数据库的行为特性设计。

3. 物理设计

根据动态特性（应用处理要求），在选定的 DBMS 环境下将静态特性设计中得到的数据库模式加以物理实现，即设计数据库的存储模式和存取方法。

（二）数据库设计的特点和成果

数据库设计的主要特点是，从数据模型即数据结构开始设计，并以数据模型为核心逐步展开。数据库的一个重要优点是减少数据冗余，实现数据共享。因此，设计包含各个用户视图的统一数据模型是数据库设计中的核心问题，同时数据库设计应该和应用系统设计相结合，整个设计过程把结构设计和行为设计密切结合起来。这是建立数据库应用系统行之有效的方法。

综上可知，数据库设计的成果是数据库模式和以数据为基础的应用程序，它们分别反映了对数据库的静态要求和动态要求。但应用程序是随着应用的发展而不断变化的，在有些以实时访问为主的数据库中，事先很难编出所需的应用程序或事务，因此，数据库设计的最基本成果是数据库模式，数据库模式的设计必须反映数据处理的要求，且应根据应用需求适当地修改、调整数据结构，优化数据模型，以便进一步提高数据库应用系统的性能。

（三）数据库设计的方法

数据库设计的方法分为四类：直观设计法、规范设计法、计算机辅助设计法和自动化设计法。直观设计法又称为单步设计法，它依赖于设计者的技巧和经验，因此越来越不适应信息管理系统发展的需要。为了改变这种情况，20 世纪 70 年代，来自欧美 30 多个国家的主要数据库专家在美国新奥尔良市专门讨论了数据库设计问题，提出了数据库设计规范，把数据库设计分成公司需求分析（分析用户需求）、信息分析和定义（建立公司的组织模式）、设计实现（逻辑设计）和物理数据库设计（物理设计）四个阶段。目前，常用的规范设计方法大多起源于新奥尔良方法。

1. 基于 3NF 的数据库设计方法

其基本思想是在需求分析的基础上，识别并确认数据库模式中的全部属性和属性间的依赖，将它们组织成一个单一的关系模式，然后再分析模式中不符合 3NF 的约束条件，用投影和连接的方法将其分解，使其达到 3NF 条件。

具体设计步骤如下：

第一，企业模式设计，即利用上述得到的 3NF 关系模式画出企业模式。

第二，设计数据库概念模式，即把企业模式转换成 DBMS 所能接受的概念模式，并根据概念模式导出各个应用的外模式。

第三。数据库存储模式（物理模式）设计。

第四，对物理模式进行评价。

第五，数据库实现。

2. 基于实体联系（E-R）的数据库设计方法

其基本思想是在需求分析的基础上，用 E-R 图构造一个纯粹反映现实世界实体之间内在关系的企业模式，然后再将此企业模式转换成选定的 DBMS 上的概念模式。

3. 基于视图概念的数据库设计方法

此方法先从分析各个应用数据着手，为每个应用建立各自的视图，然后再把这些视图汇总起来合并成整个数据库的概念模式。合并时必须注意解决下列问题：

第一，消除命名冲突。

第二，消除冗余的实体和联系。

第三，进行模式重构。

在消除了命名冲突和冗余后，需要对整个汇总模式进行调整，使其满足全部完整性约束条件。

除了以上方法外，还有属性分析法、实体分析法及基于抽象语义规范的设计法等，这里不再介绍。在实际设计过程中，各种方法可以结合起来使用。

目前，分步设计法已在数据库设计中得到广泛应用并获得较好的效果。此方法遵循自顶向下、逐步求精的原则，将数据库的设计过程分解为若干相互独立又相互依存的阶段，每一阶段采用不同的技术与工具，解决不同的问题，从而将问题局部化，减弱了局部问题对整体设计的影响。

在分步设计法中，通常将数据库的设计分为需求分析、概念设计、逻辑设计和物理设计四个阶段。

（1）需求分析

需求分析的目标是通过调查研究，了解用户的数据要求和处理要求，并按一定的格式整理形成需求说明书。需求说明书是需求分析阶段的成果，也是今后设计的依据，它包括数据库所设计的数据、数据的特征、使用频率和数据量的估计，如数据名、属性及其类型、主关键字属性、保密要求、完整性约束条件、使用频率、更改要求、数据量的大小等。这些关于数据的数据称为元数据（Metadata）。在设计大型数据库时，这些数据通常由称为数据字典（Data Dictionary，DD）的计算机软件（专用软件包或 DBMS）来管理。用数据字典管理元数据有利于避免数据的重复或重名，以保持数据的一致性及提供各种统计数据，因而有利于提高数据库设计的质量，同时可以减轻设计者的负担。

（2）概念设计

概念设计是数据库设计的第二阶段，其目标是对需求说明书提供的所有数据和处理要求进行抽象与综合处理，按一定的方法构造反映用户环境的数据及其相互联系的概念模型，即用户的数据模型或企业数据模型这种概念数据模型与DBMS 无关，是面向现实世界的数据模型，极易为用户所理解为保证所设计的概念数据模型能正确、完全地反映用户（一个单位）的数据及其相互关系，便于进行所要求的各种处理操作，在本阶段设计中可吸收用户参与和评议设计。在进行概念设计时，可设计各个应用的视图（View），即各个应用所看到的数据及其结构，然后再进行视图集成（View Integration），以形成一个单位的概念数据模型。这样形成的初步数据模型还要经过数据库设计者和用户的审查和修改，最后形成所需的概念数据模型。

（3）逻辑设计

逻辑设计阶段的设计目标是把上一阶段得到的与 DBMS 无关的概念数据模型转换成等价的并为某个特定的 DBMS 所接受的逻辑模型所表示的概念模式，同时将概念设计阶段得到的应用视图转换成外部模式，即特定 DBMS 下的应用视图。在转换过程中要进一步落实需求说明，并满足 DBMS 的各种限制。逻辑设计阶段的结果就是用 DBMS 提供的数据定义语言（DDL）写成的数据模式。逻辑设计的具体方法与 DBMS 的逻辑数据模型有关。

（4）物理设计

物理设计阶段的任务是把逻辑设计阶段得到的逻辑数据库在物理上加以实现。其主要内容是根据 DBMS 提供的各种手段，设计数据的存储形式和存取路径，如文件结构、索引的设计等，即设计数据库的内模式或存储模式。数据库的内模式对数据库的性能影响很大，应根据处理需求及 DBMS、操作系统和硬件的性能进行精心设计。

在数据库设计的基本过程中，每一阶段设计基本完成后，都要认真地进行检查，看看是否满足应用需求，是否符合前面已执行步骤的要求和满足后续步骤的需要，并分析设计结果的合理性。在每一步设计中，都可能发现前面步骤遗漏或处理不当之处，此时，往往需要返回去重新处理并修改设计及有关文档。所以，数据库设计过程通常是一个反复修改、反复设计的迭代过程。

二、需求分析

（一）需求分析的任务

需求分析是数据库设计的第一阶段，这一阶段收集到的基础数据和一组数据流图（Data Flow Diagram，DFD）是下一步设计概念结构的基础。

从数据库设计的角度考虑，需求分析阶段的目标是：对现实世界要处理的对象（组织、部门、企业等）进行详细调查，在了解原系统的概况和确定新系统功能的过程中，收集支持系统目标的基础数据并进行相应的处理。

调查的重点是"数据"和"处理"，通过调查可获得每个用户对数据库的下列要求：

1. 信息要求

信息要求定义未来信息系统用到的所有信息，即在数据库中须存储哪些数据，对这些数据做何处理等，描述数据间本质上和概念上的联系，描述信息的内容和结构，以及信息之间的联系等性质。

2. 处理要求

处理要求定义未来系统处理数据的操作功能，描述操作的优先次序，包括操作执行的频率和场合，操作与数据之间的联系处理要求还包括弄清楚用户要完成什么样的处理功能，对某种处理功能的响应时间、处理的方式是批处理还是联机处理。

3. 安全性和完整性的要求

在众多分析和表达用户需求的方法中，结构化分析（Structured Analysis，SA）方法是一个简单实用的方法。SA方法用自顶向下逐层分解的方式分析系统，用数据流图、数据字典描述系统。

（二）需求分析的基本步骤

需求分析大致分为三步完成，即需求信息的收集、分析整理和评审。

1. 需求信息的收集

需求信息的收集又称为系统调查。为了充分了解用户可能提出的要求，在调查研究之前，要做好充分的准备工作，明确调查的目的、调查的内容和调查的方式。

首先，要了解组织的机构设置、主要业务活动和职能；其次，要确定组织的目标、大致的工作流程和任务范围划分。调查的内容包括外部要求、业务现状、组织机构和规划中的应用范围及要求。外部要求一般包括信息的性质，响应的时间、频度和发生的规则，以及经济效益的考虑和要求、安全性及完整性要求。业务现状包括信息的种类、信息的流程、信息的处理方式、各种业务工作过程和各种票据。调查方式可采用开座谈会、跟班作业、请调查对象填写调查表、查看业务记录和票据及个别交谈等形式。

2. 需求信息的分析整理

要想把收集到的信息（如文件、图表、票据、笔记等）转化为下一阶段设计工作可用的信息形式，必须对需求信息进行分析整理。

（1）业务流程分析

业务流程分析的目的是获得业务流程及业务与数据联系的形式描述，业务流程分析一般采用数据流分析法，分析结果用数据流图表示。

（2）分析结果的描述

一般有数据清单（数据元素表）、业务活动清单（事务处理表）、完整性及一致性要求、响应时间要求、预期变化的影响等。系统的需求可使用数据字典和需求分析语言来描述。

3. 需求信息的评审

评审的目的在于确认某一阶段的任务是否全部完成，以避免重大的疏漏或错误。评审应由项目组以外的专家和主管部门负责人参加，以保证评审工作的客观、公正。

需求分析的阶段成果是产生系统需求说明书。系统需求说明主要包括数据流图、数据字典的表格、各类数据的统计表格、系统功能结构图，并加以必要的编辑说明。系统需求说明书将作为数据库设计全过程的重要依据。

三、概念设计

概念设计的任务是，在需求分析产生的需求说明书的基础上，按照一定的方法抽象出满足应用需求的用户（单位）信息结构，即通常所称的概念模型

概念设计过程也就是正确地选择设计策略、设计方法和概念数据模型并加以实施的过程。

（一）概念设计的目标和策略

概念设计的目标是产生一个用户易于理解的反映系统信息需求的整体数据库概念模型。概念模型是系统中各个用户共同关心的信息结构，它独立于计算机的数据模型，独立于特定的数据库管理系统，独立于计算机的软硬件系统。

概念结构独立于数据库的逻辑结构，独立于支持数据库的 DBMS。其作用如下。

提供能够识别和理解系统要求的框架，因此，必须弄清每个应用的重要方面及各个应用的细微差别，否则就设计不出适用的概念模型。该模型为数据库提供

一个说明性结构，作为设计数据库逻辑结构，即逻辑模型的基础。

设计概念结构的策略如下。

1. 自顶向下

首先定义全局概念结构的框架，然后逐步细化。

2. 自底向上

首先定义各局部应用的概念结构，然后将它们集成，得到全局概念结构。

3. 由里向外

首先定义最重要的核心概念结构，然后向外扩充，生成其他的概念结构。

4. 混合策略

采用自顶向下和自底向上相结合的方法，即使用自顶向下策略设计一个全局概念结构的框架，以它为骨架集成自底向上策略中设计的各局部概念结构。

最常用的设计概念结构的策略是自底向上的设计策略。

（二）采用 E-R 方法的数据库概念设计

概念设计的常用方法是实体联系方法（E-R 方法）。E-R 方法的原理是对具体数据进行抽象加工，将实体集合抽象成实体类型，用实体间的关系反映现实世界事物间的内在联系。利用 E-R 方法进行数据库的概念模型设计，可以分为三步：首先，设计局部 E-R 模型；其次，把各局部 E-R 模型综合成一个全局 E-R 模型；最后，对全局 E-R 模型进行优化，得到最终的 E-R 模型，即概念模型。

1. 设计局部 E-R 模型

每个数据库系统部都是为多个不同用户服务的。各个用户对数据的观点可能不一样，信息处理需求也可能不同。在设计数据库概念结构时，为了更好地模拟现实世界，一般先分别考虑各个用户的信息需求，形成局部概念结构，然后再综合成全局结构。在 E-R 方法中，局部概念结构又称为局部 E-R 模型，其图形表示称为局部 E-R 图。局部 E-R 模型的设计过程如下：

（1）确定局部结构范围

设计各个局部 E-R 模型的第一步就是确定局部结构的范围划分。划分的方式一般有两种：一种是依据系统的当前用户进行自然划分，如一个企业的用户有不同部门，各部门对信息的内容和处理的要求明显不同，应分别为它们设计各自的局部

E-R 模型；另一种是按用户要求将数据库提供的服务归纳成几类，使每一类应用访问的数据显著地不同于其他类，并且为每一类应用设计一个局部 E-R 模型。

（2）定义实体

每一个局部结构部包括一些实体类型。实体定义的任务就是从信息需求和局部范围定义出发，确定每一个实体类型的属性和键。

实体类型确定后，其属性也随之确定。实体类型的命名应反映实体的语义性质，在一个局部结构中应是唯一的。键可以是单个属性，也可以是属性的组合。

（3）定义关系

定义关系的一种方式是依据需求分析的结果，考查局部结构中任意两个实体类型之间是否存在关系，若存在关系，进一步确定是一对一、一对多还是多对多的关系。定义关系还要考察一个实体类型内部是否存在关系、两个实体类型之间是否存在关系、多个实体类型之间是否存在关系等。

在确定关系类型时，应注意防止出现冗余的关系，即可以从其他关系导出的关系，如果存在，要尽可能识别并消除这些冗余关系，以免影响全局 E-R 模型。

（4）属性的分配

确定了实体与关系后，可用属性描述局部结构中的其他语义信息。首先确定属性，然后把属性分配到有关的实体和关系中去。

确定属性的原则是：属性应该是不可以再分解的语义单位，实体与属性之间的关系只能是一对多的关系，不同实体类型的属性之间应没有直接的关联关系。

当多个实体类型用到同一属性时，将导致数据冗余，从而可能影响存储效率和完整性约束，因而需要确定把它分配给哪个实体类型，一般把属性分配给那些使用频率最高的实体类型，或分配给实体值少的实体类型。

2. 设计全局 E-R 模型

所有局部 E-R 模型设计好后，就需要把它们综合成单一的全局概念结构，全局概念结构不仅要支持所有的局部 E-R 模型，还必须合理地表示一个完整、一致的数据库概念结构。全局 E-R 模型的设计过程如下：

（1）确定公共实体类型

当系统较大时，可能有很多局部 E-R 模型，且这些局部 E-R 模型是由不同的设计人员确定的，因而对同一现实世界的对象可能给予不同的描述。有的作为实体类型，有的作为关系类型或属性，即使都表示成实体类型，实体类型名和键也可能不同。一般把同名实体类型或具有相同键的实体类型作为可能的公共实体类型。

（2）局部 E-R 模型的合并

局部 E-R 模型合并的原则是：先进行两两合并，再合并那些现实世界中有关系的局部结构；合并从公共实体类型开始，最后再加入独立的局部结构。

（3）消除冲突

将局部 E-R 模型合并成全局 E-R 模型时，应消除以下三种冲突：

第一，属性冲突。属性冲突包括属性域的冲突和属性取值单位的冲突。属性域的冲突，即属性值的类型、取值范围或取值集合不同，如对于零件号，不同的部门常采用不同的编码方式。属性取值单位的冲突，如质量单位有的用公斤，有的用克。

第二，结构冲突。首先，包括同一对象在不同应用中的不同抽象，如职工在某个应用中为实体，在另一应用中为属性；其次，同一实体在不同局部E-R模型中属性组成不同，如属性个数、次序等；最后，实体之间的关系在不同的局部 E-R 模型中可能会呈现不同的类型。

第三，命名冲突。命名冲突包括属性名、实体名、关系名之间的冲突同名异义，同名异义，和异名同义。即不同意义的对象具有相同的名字；异名同义，即同一意义的对象具有不同的名字。

属性冲突和命名冲突通常采用讨论、协商等行政手段解决，结构冲突则要认真分析后才能解决，如把实体变换为属性或把属性变换为实体，使同一对象具有相同的抽象；又如取同一实体在各局部 E-R 模型中属性的并集作为集成后该实体的属性集，并对属性的取值类型进行统一协调。

3. 全局 E-R 模型的优化

一个好的全局 E-R 模型，除能准确、全面地反映用户功能的需求外，还应满足下列条件：实体类型的个数尽可能少；实体类型所含属性个数尽可能少；实体类型间的关系无冗余。但是这些条件不是绝对的，要视具体的信息需求与处理需求而定。优化原则如下：

（1）实体类型的合并

一般把具有相同键的实体类型及具有 1：1 关系的两个实体类型合并。

（2）冗余属性的消除

通常在各个局部结构中是不允许冗余属性存在的。但在综合成全局 E-R 模型后，可能产生全局范围内的冗余属性。一般当同一非键的属性出现在几个实体类型中，或者一个属性值可从其他属性的值导出时，应把冗余属性从全局模式中去掉。

（3）冗余关系的消除

在全局模式中可能存在冗余关系，通常利用规范化理论中函数依赖的概念消除冗余关系。

四、逻辑设计

数据库概念设计阶段得到的数据模式是用户需求的形式，它独立于具体的计算机系统和 DBMS。为了建立用户所要求的数据库，必须把上述数据模式转换成某个具体的 DBMS 所支持的概念模式，并以此为基础建立相应的外模式。这是数据库逻辑设计的任务，也是数据库结构设计的重要阶段。

逻辑模型设计的主要目标是产生一个 DBMS 可处理的数据模型和数据库模式。该模型必须满足数据库的存取、一致性及运行等各方面的用户需求。

（一）逻辑设计的步骤

逻辑设计的主要任务是：将概念数据模型转换成目标 DBMS 所支持的数据模型；开发目标 DBMST 的数据库模式和子模式，即使用选定的 DBMS 的数据定义语言来描述数据模型，同时与应用程序设计活动相作用，给出应用程序的设计指南。此外，完成这些任务的一个先决条件就是根据应用环境的特征、数据特点来确定所需要的 DBMS 功能与特征，并选择目标 DBMS。

数据库的逻辑设计大体分为以下三个步骤：

1. 将 E-R 图转换为一般的数据模型

现有的 DBMS 支持网状、层次、关系模型，要按不同的转换规则将 E-R 图转换为某一种数据模型。

2. 模型评价

检查转换后的模型是否满足用户对数据的处理要求，主要包括功能要求和性能要求。

3. 模型修正

根据模型评价的结果调整和修正数据模型，以提高系统性能。修改后的模型要重新进行评价，直到认为满意为止。

（二）E-R 模型向关系数据模型的转换

E-R 模型可以向现有的各种数据库模型转换，对不同的数据库模型有不同的转换规则。以下介绍 E-R 模型向关系数据模型转换的规则：

E-R 模型中的主要成分是实体类型和联系类型，因此转换过程分为两步。

1. 实体类型的转换

对于实体类型，可以将每个实体类型转换成一个关系模式，实体的属性即为关系模式的属性，实体标识符即为关系模式的键。

2. 联系类型的转换

对于联系类型，要视 1∶1、1∶N 和 M∶N 三种不同的情况进行处理。

（1）实体间的联系为 1∶1

在两个实体类型转换成的两个关系模式中，向任意一个关系模式的属性中加入另一个关系模式的键和联系类型的属性。

（2）实体间的联系为 1∶N

在 N 端实体类型转换成的关系模式中加入一端实体类型转换成的关系模式的键和联系类型的属性。

（3）实体间的联系为 M∶N

可以将联系类型转换成一个新关系模式，其属性为两端实体类型的键加上联系类型的属性，而键为两端实体键的组合。

（三）关系数据库的逻辑设计

逻辑设计可以运用关系数据库模式的设计理论，使设计过程形式化地进行，并且结果可以验证。

概念设计的结果直接影响到逻辑设计过程的复杂性和效率。在概念设计阶段已经把关系规范化的某些思想用作构造实体类型和联系类型的标准。在逻辑设计阶段，仍然要使用关系规范化理论来设计模式和评价模式。关系数据库逻辑设计的结果是一组关系模式的定义。

关系数据库的逻辑设计过程如下：

1. 模式转换

模式转换就是将概念设计的结果（即全局 E-R 模型）按转换规则转换成初始关系模式。

2. 规范化处理

规范化的目的是减少乃至消除关系模式中存在的各种异常，改善完整性、一致性和存储效率。规范化的过程分为以下两个步骤：

（1）确定规范级别

规范级别取决于两个因素：一是归结出来的数据依赖的种类，二是实际应用的需要。在仅有函数依赖时，规范级别一般达到 3NF 或 BCNF 即可。

（2）实施规范化处理

确定规范级别后，逐一考查关系模式，判断它们是否满足规范要求。若不符合上一步确定的规范级别，则利用相应的规范算法将关系模式规范化。

3. 模式评价

模式评价的目的是检查已给出的数据库模式是否满足用户的功能要求，是否具有较高的效率，并确定需要加以修正的部分。模式评价主要包括功能评价和性能评价两个方面。

功能评价对照需求分析的结果，检查规范化后的关系模式集合是否支持用户所有的应用需求。关系模式必须包括用户可能访问的所有属性。

性能评价对于目前得到的数据库模式进行性能评价比较困难，因为缺乏有关的物理设计因素和相应的评价手段，但可以利用逻辑记录访问计算法进行估算，以给出改进建议。

4. 模式修正

根据模式评价的结果，对已生成的模式集合进行修正。修正的方式依赖于导致修正的原因，如果出于需求分析、概念设计的疏漏导致某些应用得不到支持，则应相应地增加新的关系模式或属性。如果出于性能上的考虑而要求修正，则可采用合并、分解等方式进行。

如果有若干个关系模式具有相同的键，并且对这些模式的处理主要为查询操作。当同时涉及多个关系的查询占有相当比例时，可对这些模式按组合使用的频率进行合并，这样可减少连接操作，提高查询效率。在某些特殊情况下，对即使不具有相同键的模式，也可以采用合并方式提高查询速度，但这样可能会影响规范化的等级。

已经达到规范化要求的关系模式仍然可能由于某些属性值的重复而占用过多的存储空间。如有的属性值有较少的不同值，且每一个值的长度较长，此时可对属性值实现代码化，构造一个代码转换的关系模式，以便使占用的空间达到极小化。

在经过模式评价及修正的多次反复后，最终的数据模式得以确定，全局逻辑结构设计即告结束。

五、物理设计

数据库物理设计的任务就是为上一阶段得到的逻辑数据库选择一个最适合应用环境的物理结构，也就是确定在物理设备上能有效地实现一个逻辑数据模型所必须采用的存储结构和存取方法，然后对该存储模式进行性能评价和修改设计，经过多次反复，最后得到一个性能较好的存储模式。

数据库物理设计的主要目标是提高数据库的性能，节省存储量。在这两个目标中，提高数据库的性能更为重要。因为在目前的大多数数据库系统中，性能仍然是主要的薄弱环节，也是用户最关切的问题。

（一）物理设计的内容

一般说来，物理设计就是根据满足用户信息需求的已确定的逻辑数据库结构研制出一个有效的、可实现的物理数据库结构的过程。物理设计包括满足某些操作约束，如存储空间的限制和响应时间的要求等。

数据库的物理设计与具体 DBMS 有关，主要包括确定记录存储格式、选择文件的存储结构、决定存取路径、完整性和安全性分析、程序设计等内容。

1. 确定记录存储格式

数据库中每条记录数据项的类型和长度要根据用户要求及数据值的特点来确定。DBMS 提供多种数据类型进行选择，如字符型的数据可用字符或二进制位串来表示，如果数据项的位在一个不大的有限集内，用二进制位串来表示可以节约存储空间。

为了加快存取速度，可把记录数据按不同应用进行水平或垂直分割，把它们分别存储在不同的设备或同一设备的不同位置上，尽可能地使应用程序访问数据库的代价最小。

2. 选择文件的存储结构

文件存储结构的选择与对文件进行的处理有关。对需要成批处理的数据文件，可选用顺序存储结构，而当经常需要随机查询某记录时，选用散列方式的存储结构则比较合适。对一些 DBMS，有多种存储结构可供选择，如 IMS 中有四种存储结构：层次顺序存取法、层次索引顺序存取法、层次直接存取法和层次索引直接存取法。

在有些 DBMS 中还支持聚集索引，采用聚集索引可使记录的物理存储顺序与主关键字值顺序相同，从而可以提供按主关键字查询的最高效率。

3. 决定存取路径

一个文件的记录之间及不同文件的记录之间都存在着一定的联系。因此，一条记录的存取可根据应用的不同而选择不同的存取路径，以提高处理效率物理设计的任务之一就是要确定和建立这些存取路径。

在关系数据库系统中，可通过建立索引来提供不同的存取路径。需要在哪些属性上建立索引、哪些是主索引、哪些是次索引、索引的键是单属性还是属性的组合，这些都是设计中需要解决的问题。

当然，索引的建立会增加系统开销，数据更新时要同时更新索引，降低数据更新操作的效率。

4. 完整性和安全性分析

数据库在物理设计时，同样必须在系统的完整性、安全性等方面进行分析，并产生多种方案。在实施数据库之前，对这些方案进行细致的评价，然后选择一个较优的方案是十分必要的。

5. 程序设计

逻辑数据库结构确定以后，应用程序的设计就可以开始了。从理论上说，物理数据独立性的目的是消除由物理结构设计决策变化而引起的对应用程序的修改。但是，当物理数据独立性未得到保证时，数据结构的改变可能会引起对应用程序的修改。

（二）物理设计的性能

假设数据库性能用"开销（Cost）"来描述，在数据库应用系统生存期中，总的开销包括：规划开销、设计开销、实施和测试开销、操作开销、运行维护开销。

对物理设计者来说主要考虑操作开销，即为用户获得及时、准确的数据所需的开销和计算机资源的开销。开销可分为以下四类。

1. 更新事务的开销

应用程序的执行是划分为若干比较小的独立的程序段，这些程序段称为事务。事务的开销是用从事务的开始到完成的时间来度量。更新事务的开销主要指修改索引、重写物理块或文件、写校验等方面的开销。

2. 报告生成的开销

报告生成是一种特殊形式的查询检索，它花费的时间和查询、更新是一样的，都是从数据输入的结束到数据显示的开始这段时间，主要包括检索、重组、排序和结果显示。

3. 主存储空间开销

主存储空间包括程序和数据所占有的空间，一般地，对数据库设计者来说，可以对缓冲区分别做适当的控制，包括缓冲区的个数和大小。

4. 辅助存储空间

辅助存储空间分为数据块和检索块两种，块中的开销包括标志、计数、指针和自由空间等。设计者可以控制的是索引块的大小、装载因子、指针选择项和数据冗余等。

第四节　数据库保护

在数据库系统运行时，通过对数据库进行完整性控制、安全性控制、数据库恢复与并发控制等管理和保护措施，以保证整个系统的正常运行，防止数据库中的数据意外丢失和不一致数据的产生。

一、事务

（一）事务的定义

从用户观点来看，对数据库的某些操作应是一个整体，也就是一个独立的工作单位，不能分割。譬如，客户认为电子资金转账（从账号 A 转一笔款到账号 B）是一个独立的操作，而在 DBS 中，这是由几个操作组成的。显然，这些操作要么全都执行，要么由于出错而都不执行。这一点很重要，从而确保不发生下列事情：在账号 A 透支的情况下继续转账；从账号 A 转出了一笔钱，而不知去向，未能转入账号 B 中。这样就引出了事务的概念。

事务是构成单一逻辑工作单元的操作集合。

事务是数据库环境中的一个逻辑工作单元，相当于操作系统环境中"进程"的概念。一个事务由应用程序中的一组操作序列组成，在程序中，事务以 BEGIN TRANSACTION 语句标识事务开始执行，以 COMMIT 或 ROLLBACK 语句标识事务结束。

COMMIT 是"事务提交"语句，表示事务的所有操作都完成了，此时将该事务对数据库的所有更新写入磁盘。ROLLBACK 是"事务撤销"语句，此时发生错误，数据库可能处在不一致的状态，系统将该事务对数据库已做的所有更新全部撤销，把数据库恢复到该事务初始时的一致性状态，同时该事务不成功结束。

（二）事务的 ACID 准则

事务是 DBMS 中的执行单位，事务应满足 ACID 准则。不但在系统正常时，事务要满足 ACID 准则，在系统发生故障时也应满足 ACID 准则；不但在单事务执行时要满足 ACID 准则，在事务并发执行时也要满足 ACID 准则。事务的 ACID 准则有以下四项。

1. 原子性（Atomicity）

一个事务对数据库的所有操作，是一个不可分割的工作单元。这些操作要么全部执行，要么什么也不做。

保证原子性是数据库系统本身的职责，由 DBMS 的事务管理子系统完成。

2. 一致性（Consistency）

一个事务独立执行的结果，应保持数据库的一致性，即数据不会因事务的执行而遭受破坏。

确保单个事务的一致性是编写事务的应用程序员的职责。在系统运行时，由 DBMS 的完整子系统执行测试任务。

3. 隔离性（Isolation）

隔离性指在多个事务并发执行时，系统应保证与这些事务先后单独执行时的结果一样，此时称事务达到了隔离性要求。也就是在多个事务并发执行时，保证执行结果是正确的，如同单用户环境一样。

隔离性是由 DBMS 的并发控制子系统实现的。

4. 持久性（Durability）

一个事务一旦完成全部操作，它对数据库的所有更新应永久地反映在数据库中。

持久性是由 DBMS 的恢复管理子系统实现的。

（1）原子性

事务的 6 个操作是一个整体，不可分割，要么全做，要么全不做。也就是 A、B 同时被修改，或同时保持原值。

（2）一致性

在事务 T 执行结束后，要求数据库中 A 的值减 50，B 的值增加 50，也就是 A+B 的值不变。

（3）隔离性

多个事务并发执行时，相互之间应该互不干扰。譬如事务 T 在 A 的值减 50

后，系统暂时处于不一致状态，此时若第二个事务插进来计算 A 与 B 之和，则得错误的数据。DBMS 的并发控制子系统可控制这类错误的发生，尽可能提高事务的并行程度，避免错误的发生。

（4）持久性

一旦事务成功地完成执行，并且告知用户转账已经发生，系统则将 A、B 账户余额永久地写入磁盘数据库中。

二、数据库完整性

（一）完整性子系统和完整性规则

数据库的完整性是指数据的正确性和相容性，防止错误数据进入数据库，防止数据库存在不符合语义的数据。

数据库完整性主要通过完整性子系统来实现，其主要功能如下：

第一，监督事务的执行，并测试是否违反完整性规则。

第二，若有违反现象，则采取恰当的操作，譬如采用拒绝操作、报告违反情况、改正错误等方法来处理。

完整性子系统是根据"完整性规则集"工作的。完整性规则集是由 DBA 或应用程序员事先向完整性子系统提供的有关数据约束的一组规则。每个完整性规则应由以下三部分组成。

第一，什么时候使用规则进行检查，称为规则的"触发条件"。

第二，要检查什么样的错误，称为"约束条件"或"谓词"。

第三，如果查出错误，应该怎么办，称为"EEE 子句"，即违反时要做的动作。

（二）SQL 中的完整性约束

SQL 中把完整性约束分成域约束、基本表约束和断言三大类。

1. 域约束

在 SQL 中可以用"CREATE DOMAIN"语句来定义新的域，并且还可出现 CHECK 子句。

2. 基本表约束

SQL 中的基本表约束主要有候选键定义、外键定义和检查约束定义三种形式。

（1）候选键定义

CONSTRAINT（完整性约束条件名）PRIMARY KEY（〈列名序列〉）

（2）外键定义

CONSTRAINT（完整性约束条件名）FOREIGN KEY（〈列名序列〉）REF-ERENCES<参照表>［（<列名序列>）］

［ON DELETE<参照动作>］

［ON UPDATE<参照动作>］

其中，第一个列名序列指外键，第二个列名序列指参照表中的主键或候选键。参照动作主要有 NO ACTION（默认）、CASCADE、RESTRICTSET NULL、SET DEFAULT。

①删除参照表中的元组时。如果要删除参照表中的某个元组，则按下列不同方式，会对依赖表产生不同的影响。

a、NO ACTION 方式：对依赖表没有影响。

b、CASCADE 方式：将依赖表中的所有外键值与参照表中要删除的主键值相对应的元组一起全部删除。

c、RESTRICT 方式：当依赖表中没有一个外键值与要删除的参照表中主键值相对应时，系统才能执行删除操作；否则，拒绝此删除操作。

d、SET NULL 方式：删除参照表中的元组，同时将依赖表中所有与参照表中被删除的主键值相对应的外键值置为 NULL。

e、SET DEFAULT 方式：删除参照表中的元组，同时将依赖表中所有与参照表中被删除的主键值相对应的外键值置为预先定义好的默认值。

②修改参照表中的主键值时。如果要修改参照表中的某个主键值，按下列不同方式，会对依赖表产生不同的影响。

a、NO ACTION 方式：对依赖表没有影响。

b、CASCADE 方式：将依赖表中与参照表中要修改的主键值相对应的所有外键值一起修改。

c、RESTRICT 方式：当依赖表中没有外键值与参照表中要修改的主键值相对应时，系统才能执行修改参照表中的主键值操作；否则，拒绝此修改操作。

d、SET NULL 方式：修改参照表中的主键值，同时将依赖表中所有与参照表中被修改的主键值相对应的外键值置为 NULL。

e、SET DEFAULT 方式：修改对照表中的主键值，同时将依赖表中所有与参照表中被修改的主键值相对应的外键值置为预先定义好的默认值。

（3）检查约束定义

这种约束可对单个关系的元组值加以约束。方法是，在关系定义中的任何所需要的地方加上关键字 CHECK 和约束条件：

CHECK（〈条件表达式〉）

3. 断言

如果完整性约束牵涉面较广，与多个关系有关，或者与聚合操作有关，那么 SQL2 提供"断言（Assertions）"机制让用户书写完整性约束。断言定义语句如下：

CREATE ASSERTION<断言名>CHECK（<条件>）

断言撤销语句如下：

DROP ASSERTION<断言名>

（三）SQL 的触发器

前面提到的三种约束机制都属于被动的约束机制，在检查出对数据库的操作违反约束后，只能做些比较简单的动作，譬如拒绝操作。比较复杂的操作可以考虑使用下列的 SQL 触发器来实现。

一个触发器主要由以下三个部分组成：

1. 事件

事件是指对数据库进行插入、删除、修改等操作时，引发触发器的操作。

2. 条件

引发触发器的条件，如果条件成立，就执行相应的动作。

3. 动作

引发触发器后的操作。如果触发器测试满足预定的条件，那么就由 DBMS 执行这些动作。

触发器的定义格式如下：

触发器的命名

动作时间　　触发事件　　目标表名

旧值和新值的别名表

触发动作　　动作间隔尺寸

动作时间条件

动作体

三、数据库安全性

（一）数据库安全性级别

数据安全性是指保护数据库，防止不合法的使用，以免数据的泄密、更改或破坏。

为了保护数据库，防止恶意滥用，可以在从低到高的五个级别上设置各种安全措施。

1. 环境级

计算机系统的机房和设备应加以保护，防止有人进行物理破坏。

2. 职员级

工作人员应清正廉洁，正确授予用户访问数据库的权限。

3. OS 级

应防止未经授权的用户从 OS 处着手访问数据库。

4. 网络级

由于大多数 DBS 都允许用户通过网络进行远程访问，因此网络软件内部的安全性是很重要的。

5. DBS 级

DBS 的职责是检查用户的身份是否合法及使用数据库的权限是否正确。

（二）数据访问权限

用户访问数据的权限主要有以下几种：

（1）读权限：允许用户读数据，但不能改数据。

（2）插入权限：允许用户插入新数据，但不能改数据。

（3）修改权限：允许用户改数据，但不能删除数据。

（4）删除权限：允许用户删除数据。

用户修改数据库模式的权限如下：

（1）索引权限：允许用户创建和删除索引。

（2）资源权限：允许用户创建新的关系。

（3）修改权限：允许用户在关系结构中加入或删除属性。

（4）撤销权限：允许用户撤销关系。

（三）SQL 中的安全性机制

1. 视图

通过视图可以从一个表或多个基本表中导出数据，供用户查询时使用。视图具有数据安全性、逻辑数据独立性和操作简便性等优点。

视图是从一个或多个表导出的虚表，视图只是一个查询定义，本身没有数据，只有在用户利用视图查询时，才通过视图定义的语句从基本表中查询数据提交给用户，用户通过视图只能查得视图定义中的数据，而不能使用视图定义外的其他数据，从而保证数据安全性。

2. SQL 中的用户权限及其操作

（1）用户权限

SQL 定义了六类权限供用户选择使用：SELECT、INSERT、DELETE、UP-DATE、REFERENCES、USAG。

前四类权限分别允许用户对关系或视图进行查询、插入、权限允许用户定义新关系时引用其他关系的主键作为外键。USAG 权限允许用户使用已定义的域。

（2）授权语句

一个用户拥有权限的充分必要条件是在权限图中从根节点到该用户节点存在一条路经。授予权限的 SQL 语句格式如下：

GRANT<权限表>ON<数据库元素>TO<用户名表>［WITH GRANT OPTION］

（3）回收语句

回收权限的 SQL 语句格式如下：

REVOKE<权限表>ON<数据库元素>EROM<用户名表> ［RESTRICT I CAS-CADE］

四、数据库恢复技术

（一）恢复的定义、原则和方法

1. 恢复的定义

在 DBS 运行时，可能会出现磁盘损坏、电源故障、软件错误、恶意破坏等各种各样的故障。在发生故障时，很可能丢失数据库中的数据。DBMS 的恢复管理子系统采取一系列措施保证在任何情况下都保持事务的原子性和持久性，确保数据不丢失、不破坏。

数据库的可恢复性是指系统能把数据库从被破坏、不正确的状态恢复到最近一个正确的状态。

2. 恢复的基本原则和实现方法

数据库恢复的基本原则就是"冗余"，即数据库重复存储。

数据库恢复的具体实现方法如下：

（1）平时做好两件事：转储和建立日志

周期地（如一天一次）对整个数据库进行复制，转储到另一个磁盘或磁带一类的存储介质中。

建立日志数据库。记录事务的开始、结束，以及数据每一次插入、删除和修改前后的值，并写到日志库中。

（2）一旦发生数据库故障，分两种情况进行处理

如果数据库已被破坏，则装入 last 数据库备份，再利用日志库将这两个数据库状态之间的所有更新重新做一遍。

如果数据库未被破坏，但某些数据不可靠，则撤销所有不可靠的修改，把数据库恢复到正确的状态。

（二）故障恢复方法

1. 事务故障

可以预期的事务故障，即在程序中可以预先估计到的错误，如存款余额透支，此时继续取款就会出现问题。这种故障可以在事务的代码中加入判断和ROLLBACK语句。当事务执行到ROLLBACK语句时，由系统对事务进行回退操作，即执行UNDO操作。

非预期事务故障，即在程序中发生的未估计到的错误，如运算溢出、数据错误、死锁等。此时，系统直接对该事务执行UNDO处理。

2. 系统故障

硬件故障、软件（DBMS、OS或应用程序）错误或掉电等引起系统停止运转并随之要求重新启动的故障，称为系统故障。

系统故障不破坏数据库，只影响正在执行的事务，造成正在运行的事务非正常终止，以及数据库中某些数据不正确。DBMS恢复子系统在系统重新启动时，对未完成事务做UNDO处理，对已提交但还留在缓冲区的事务进行REDO处理，把数据库恢复到正确的一致性状态。

3. 介质故障

介质故障是指磁盘物理故障或遭受病毒破坏后的故障。这时，磁盘上的物理数据库遭到毁灭性破坏。此时恢复的过程如下：

第一，重装转储的后备副本到新的磁盘上，使数据库恢复到转储时的一致状态。

第二，在日志中找出转储以后所有已提交的事务。

第三，对这些已提交的事务进行REDO处理，将数据库恢复到故障前某一时刻的一致状态。

事务故障和系统故障的恢复由系统自动进行，而介质故障的恢复则需要DBA配合进行。在实际中，系统故障通常称为软故障，介质故障通常称为硬故障。

（三）具有检查点的恢复技术

利用日志技术进行数据库恢复时，恢复子系统必须搜索日志，确定哪些事务需要 REDO 处理，哪些事务需要进行 UNDO 处理。一般来说，需要检查所有日志记录。这样做存在两个问题：一是搜索整个日志将耗费大量时间；二是很多需要 REDO 处理的事务实际上已经将它们的更新操作写到数据库了，然而恢复子系统又重新执行了这些操作，浪费了大量时间。为了解决这些问题，具有检查点的恢复技术应运而生。DBMS 定期设置检查点，在检查点时刻才真正做到把对 DB 的修改写到磁盘，并在日志文件中增加一条检查点记录。

使用检查点方法可以改善恢复效率。当事务 T 在一个检查点之前提交时，T 对数据库所做的修改一定都已写入数据库。这样，在进行恢复时没有必要对事务 T 执行 REDO 操作。只有那些在检查点后面的还在执行的事务需要恢复。

第四章　多媒体技术应用

多媒体技术应用是利用数字技术对文本、图像、音频和视频等不同媒介内容进行创建、编辑、存储和分发的过程。它在教育、娱乐、广告和通信等领域广泛应用，通过提供丰富的感官体验，增强信息的吸引力和互动性。随着互联网和移动设备的普及，多媒体技术不断推动内容消费模式的创新，为用户带来更加沉浸和个性化的体验。同时，多媒体技术的应用也带来了版权保护、内容审核等新的挑战。

第一节　多媒体技术概述

一、媒体技术的定义和特点

所谓媒体（Media），从计算机处理信息的角度来看，有三种不同的分类方式：

（1）传递信息的载体，如文字、图像、声音、动画、视频等。

（2）存储信息的实体，如纸、录像带、磁盘、光盘、网络存储设备等。

（3）传输信息的介质，如电话、电缆、无线电波、卫星通信、光等。

多媒体信息中的媒体是指第一种，也就是多种媒体，即通过各种外部设备将文字、图像、声音、动画、影视等多媒体信息采集到计算机中，以数字化的形式进行加工、编辑、合成和存储，最终形成具有交互特征的多媒体产品。在这一过程中，多媒体计算机与电视等其他多媒体设备之间的差异主要表现在前者更强调交互性，即人们在计算机上使用多媒体产品时，可以根据需要去控制和调节各种多媒体信息的表现方式，而不仅是被动地接受多媒体信息。

多媒体技术是指用计算机综合处理多媒体并使各种媒体建立逻辑链接的技术，也是信息传播技术、信息处理技术和信息存储技术的组合。多媒体技术具有以下一些特点：信息媒体的多样化和媒体处理方式的多样化，媒体本身及处理媒体的各种设备的集成性，用户与媒体及设备间的交互性，以及音频、视频媒体与时间密切相关的实时性等。

二、多媒体计算机系统

具备多媒体信息处理能力的计算机称为多媒体计算机。多媒体计算机系统包括多媒体硬件系统和多媒体软件系统。

（一）多媒体硬件系统

多媒体硬件系统除了基本的计算机配置外，还包括支持各种媒体信息的采集、存储、编辑、展现的各种外部设备。

1. 带多媒体功能的 CPU

芯片制造商在计算机芯片中增加能处理多媒体信息的指令，使计算机处理多媒体的功能得到了更好的发挥和提高。多媒体扩展（MMX）就是英特尔（Intel）公司在 CPU 中增加的多媒体指令集，带有 MMX 技术的 CPU 特别适合处理数据量很大的图形、图像，从而使以三维图形、图画、运动图像为目标的动态图像专家组（MPEG）视频、音乐合成、语音识别、虚拟现实等数据处理的速度有了很大提高。

2. 音频设备

话筒、耳机、音箱是计算机中的音频输入—输出设备，而声卡则是最基本的多媒体器件，用以实现声音的模/数（A/D）、数/模（D/A）转换，目前大多数主板都集成了声卡。声卡的工作原理：输入声音时，从声音传感器（如话筒或音频连接线）接收模拟声音电信号，经声卡进行采样、量化和压缩等处理，转换成由 0 和 1 组成的数字信号，以文件的形式被计算存储和编辑；输出声音时，声卡将数字化声音数据，经数/模转换还原为连续的电信号，通过声音播放器（如耳机或喇叭）输出。通常声卡的采样频率有 11.025kHz、22.05kHz、44.1kHz 三种，量化精度有 8 位、16 位、32 位、64 位二进制数等，还可以选择单/双声道，采样后在计算机中生成波形文件。

声卡除基本的录音和播音功能外，还有压缩和解压缩音频文件、与乐器数字接口（MIDI）设备连接及与 CD-ROM/DVD-ROM 连接的功能；声卡关键指标是采样频率和量化精度，声卡的性能直接影响多媒体计算机的音频效果。

3. 视频设备

视频技术是多媒体技术的重要组成部分，它使得色彩鲜艳的动态图像能在计算机中进行输入、编辑和播放。视频设备除了显示器、摄像头、数码摄像机等外，还包括用于数、模转换的显示卡和用于视频输入的视频采集卡。

显示器是用来显示影像的装置。目前，市场上台式机的显示器类型主要有三种：阴极射线管显示器（Cathode Ray Tube，CRT）、液晶显示器（Liquid Crystal Display，LCD）与发光二极管显示器（Light Emitting Diode，LED）。其中，CRT 已逐渐被 LCD 取代，而 LED 显示器由于其在亮度、功耗、可视角度和屏幕刷新速率方面比 LCD 更具优势，逐渐占据了更大的市场。

显示卡能将计算机中的数字信息转换成显示器能接收的电信号，要输出的画面都要经过显示卡的存储和处理。显示器上能够显示的画面的色彩数量（色彩位数）和像素数量（分辨率），均由显示卡的技术指标决定。这些技术指标有相应的行业标准，最早的视频图形阵列（VGA）标准（Video Graphics Array）支持最高分辨率为 640×480，只能显示 256 种颜色，已经过时了。常见的还有超级视频图形阵列（SVGA）、扩展图形阵列（XGA）、超级扩展图形阵列（SXGA）和极速扩展图形阵列（UXGA）等几种主要的标准，每种标准都有各自的分辨率和色彩位数。用户要改变显示器的显示方式，只要在桌面上右击，选择快捷菜单中的"属性"选项，对"设置"选项卡下的屏幕分辨率和颜色质量进行修改。分辨率越高，屏幕上能显示的内容就越多，同一图片所显示的空间就越小。

除显示卡外，使多媒体计算机获得影像处理功能的还有一系列视频卡，是专门用于汇集视频源的信号（如电视、影碟、摄像等），进行数字化存储、转换、编辑和实时处理等的设备。视频卡大致可以分为视频叠加卡、视频捕捉卡、电视编码卡、动态图像专家组（MPEG）卡和电视（TV）卡，有的视频卡可兼有几个功能。

4. 大容量存储设备

光盘驱动器（光驱）是一个结合光学、机械及电子技术的设备，用于读写光盘信息。按在计算机上的安装方式，光驱可分为内置式、外置式。内置式光驱安装在主机箱软驱的位置，通过内部连线连接到计算机上，与计算机的通信接口、电源等配合，具有速度快、使用方便等优点。外置式光驱放在主机箱外，通过并行口和计算机相连接，自身有保护壳，移动方便，可根据需要在不同的计算机上使用，但价格贵、速度慢。

（1）CD 光驱和 CD 光盘

激光唱盘（CD）光驱分为只读光驱（CD-ROM）和可读写光驱（CD-RW，也称刻录机）。前者只能读取 CD 光盘的信息，后者有读取和写入两种功能。

CD 光盘的容量约为 680MB，它利用光存储技术来实现数据的读写，分为只读光盘、一次写入多次读出光盘（CD-R）、可擦写光盘三种。

（2）DVD 驱动器和 DVD 光盘

数字通用光盘（Digital Versatile Disk，DVD）是普遍采用的数据存储媒体，其特点为容量大、兼容性好、价格低廉等，可以兼容 CD、CD-ROM 等多种光盘格式。DVD 驱动器主要包括只读光驱（DVD-ROM）和可读写光驱（DVD-RW，DVD 刻录机）。

DVD 光盘有 4.7G 的容量，远远大于 CD 光盘，因为 CD 光盘的最小凹坑长度 $0.834\mu m$，道间距为 $1.6\mu m$，采用波长为 $780\sim790\mu m$ 的红外激光器读取数据，而 DVD 光盘的最小凹坑长度 $0.4\mu m$，道间距为 $0.74\mu m$，采用波长为 $635\sim650nm$ 的红外激光器读取数据。而以蓝色激光读取数据的蓝光光盘和高清 DVD（HD-DVD），其波长为 405nm，单面单层光盘上可以存储 25GB 的数据。

除上述设备外，数码相机、扫描仪、投影仪、摄像机、触摸屏等外设也广泛地应用于多媒体系统。选择数码相机要注意分辨率、色彩位数、摄影元件、变焦倍率和镜头亮度等性能指标；扫描仪的主要技术指标有分辨率、扫描速度、色彩位数和接口标准；投影仪的主要性能指标有亮度、对比度、色彩、分辨率、均匀度等。

（二）多媒体软件系统

多媒体软件系统包括支持各种多媒体设备的操作系统的多媒体功能，各种媒体的采集、处理和创作工具，将各种媒体集成的多媒体工具，以及提供给最终用户使用的各种多媒体软件。

1. 操作系统的多媒体功能

为适应人们对多媒体内容的需要，操作系统必须加强四个方面的功能：一是多任务功能，即使计算机能同时处理声音、视频信息；二是大容量存储器的管理功能，即使计算机能支持多媒体文件的巨大数据量；三是虚拟内存技术，即使计算机在内存容量有限的情况下，能借用硬盘空间运行大数据量的程序或多个程序；四是"即插即用功能"，即对计算机硬件的检测和设置智能化，当计算机上增加某种多媒体设备时，操作系统能感受到新设备的增加，并提示安装驱动程序，使设备方便进入可使用状态。

2. 多媒体处理工具

多媒体信息处理主要是将外部设备采集的多媒体信息，包括文字、图像、声音、动画、影视等，用软件进行加工、编辑、合成、存储，最终形成多媒体产品。这些工具主要包括用于制作媒体信息文件的软件和多媒体应用软件系统集成工具两大类。其主要实现以下功能：文字处理，图像处理，音频处理，动画间处理，多媒体集成等。

3. 多媒体集成工具

设计和制作多媒体应用软件作品时，可以通过多媒体集成软件把各种媒体有机地集成起来，使其成为一个统一的整体。目前，应用较为广泛的多媒体集成软件主要有图标式多媒体制作软件 Authorware，基于时间顺序的多媒体制作软件 Director、Flash，基于页或卡片式的多媒体制作软件 Multimedia ToolBook 等。目前用网页制作软件 FrontPage、Dreamweaver 等来进行多媒体集成也日益增多，而传统的程序设计语言 VB、VC++、Delphi 等也可用作多媒体软件的开发。

在制作多媒体作品的时候，不可能只使用到以上某一种软件。针对不同的媒体要采用不同的处理软件，只有这些软件相互配合使用，才能制作出图、声、文并茂的富有感染力的多媒体作品。

4. 多媒体应用软件

多媒体应用软件是利用多媒体加工和集成工具制作，运行于多媒体计算机上具有某种具体功能的软件。它具有超媒体结构，往往集成了文字、图片、音频、视频、动画等多媒体信息，直接面向用户，强调交互操作。例如各种多媒体教学软件、游戏软件、电子商务导购、各类服务性企业的导引软件等。

三、多媒体技术发展

（一）网络中的多媒体技术

随着网络逐渐成为新兴的第四媒体，人们对网上多媒体信息的利用也越来越广泛，网络上多媒体信息的传输和展现成为重要的技术。

1. 数据流传输技术

人们用浏览器查看的网页信息，是计算机用 HTTP 方式（直接下载）传送到本地计算机的临时文件夹里的。这可通过单击 IE 浏览器"工具/Internet 选项"命令，在"常规"选项卡中单击"浏览历史记录"栏目的"设置"按钮，在打开的对话框中可以查看。由于音频、视频信息的数据量巨大，浏览器需要较长的时间才能完全下载，而且用户计算机上的存储空间大小也影响传输结果，为解决这个问题，数据流传输技术应运而生。

数据流式传输是指声音、影像或动画等媒体，由媒体服务器向用户计算机的连续、实时传送，通过在用户计算机上建立的数据缓冲存储区来存储数据，并同时播放缓冲区的数据，已播放的就从缓冲区自动删除。由于数据发送过程一开始，所传输的媒体几乎可以立即开始播放，用户可以边下载边收看，因而解决了下载延时问题。

流媒体就是用流式传输的多媒体文件。流式传输与 HTTP 方式传输的区别在于网络服务器不是一次性发送完所有的媒体文件数据，而是发送第一部分，然后在第一部分开始播放的同时，媒体文件的其余部分再源源不断地传输，及时到达用户计算机中供播放用。当网络实际连接速度小于播放所需速度时，播放程序就从缓冲区内取资料，从而避免播放的中断，使播放得以维持；只有当缓冲区的数据播放完后新传输的数据仍未到位时，用户才需要等待。

流媒体技术的基础是对数据进行压缩，它采用高效的压缩算法对数据源进行压缩，在降低文件大小的同时伴随着质量的降低，以使原有庞大的数据能适合流式传输。

2. 多媒体网页

目前，图文并茂、声像俱现的多媒体网页成为网络世界的主流。通过对浏览器进行适当设置，用户可以有选择地感受各种媒体信息。在 IE 浏览器中，单击"工具/Internet 选项"命令，在打开的"Internet 选项"对话框中选择"高级"选项卡，可以找到相关的多媒体进行设置，可更改浏览器中的图片、动画、声音等多媒体元素的播放设置。

3. 网络实时播放和视频点播

网络实时播放，即网上视频直播，是将摄像机拍摄的实时视频信息传输到专门的视频直播服务器上，由视频直播服务器对活动现场的实时过程进行视频信息的采集和压缩，同时通过网络传输到用户的计算机上，实现现场实况的同步收看，像电视台直播一样，视频直播时，所有用户收看同样的内容，用户也不能控制播放过程。

视频点播（Video on Demand，VOD）是指网络服务器中存储着大量的、经过压缩的视频文件，供用户"按需点播"，即通过 Web 页选择菜单，一旦接受用户的单击选择，就开始向该用户传输所选定的视频文件，使用户可以在自己选择的时间、地点收看自己选择的内容，完全控制播放过程。视频点播服务器能同时接受多用户的访问，并分别向各用户提供不同的内容。

现在常用流媒体格式有 RealNetworks 公司的 Real Media、微软公司的 Windows Media 和苹果公司的 QuickTime，这些播放软件都可以从网上免费下载。使用这些软件，既可以收看视频直播，也可以有选择地进行视频点播。

（二）多媒体关键技术

多媒体系统需要将不同的媒体数据表示成统一的结构码流，然后对其进行变换、重组和分析处理，以进行进一步的存储、传输、输出和交互控制。涉及多媒体的关键技术主要有：多媒体数据压缩与编码技术、多媒体数据存储技术、多媒体数据输入/输出技术、多媒体通信网络技术、多媒体信息同步技术、多媒体专用芯片技术、多媒体软件技术等。因为这些技术的突破性的进展，多媒体技术才得以迅速发展。

1. 多媒体数据压缩与编码技术

数字化后，多媒体数据量十分庞大，直接存储和传输这些原始信源数据是不现实的，一般需要通过多媒体数据压缩与编码技术来解决数据存储与信息传输的问题。多媒体中数据的压缩主要是指图像、音频和视频的压缩，它是计算机处理图像、音频、视频及网络传输的重要基础。数字化后的多媒体信息的数据中存在着很大冗余，如空间冗余、时间冗余、视觉冗余等，使数据压缩成为可能。

数据压缩的实质是在满足还原信息质量要求的前提下，采用代码转换或消除信息冗余量的方法来实现对采样数据量的大幅缩减。与数据压缩相对应的处理称为解压缩，又称数据还原。它是将压缩数据通过一定的解码算法还原到原始信息的过程。通常，人们把包括压缩与解压缩的技术称为数据压缩技术。数据压缩技术一般可以分为有损压缩和无损压缩两种。

衡量一种压缩编码方法优劣的重要指标有：压缩比要高，压缩与解压缩速度要快，算法要简单，硬件实现要容易，以及解压缩质量要好。

2. 多媒体数据存储技术

多媒体数据存储技术主要研究多媒体信息的逻辑组织、存储体的物理特性、逻辑组织到物理组织的映射关系、多媒体信息的存取访问方法、访问速度和存储可靠性等问题。具体技术包括光学存储技术和移动存储技术，后者包括各种存储卡技术及移动硬盘存储技术等。

存储卡采用的是半导体存储技术，它具有体积小、重量轻、便于携带和移动、工作时没有任何机械运动、无噪声、存取速度快和低功耗等优点。存储卡已被广泛应用于手机、数字音视频播放设备、数码录音笔、电视机、数码相机、数码摄像机、固态硬盘、GPS 导航仪等数码电子产品中。

目前，广泛使用的 U 盘也是利用存储卡技术研制的一种移动存储设备，通过 USB 接口与计算机等设备进行数据交换。移动硬盘采用的是磁存储技术。因为其体积小、容量大、传输速度快、安全性能高、使用简单方便等特点，备受人们青睐。

3. 多媒体数据输入/输出技术

多媒体数据输入/输出技术包括媒体变换技术、媒体识别技术、媒体理解技术和综合技术等。媒体变换技术是指改变媒体的表现形式，如当前广泛使用的音频卡（声卡）、视频卡都属于媒体变换设备。媒体识别技术是对信息进行一对一的映像过程，如光学字符识别（OCR）文字识别技术、手写识别技术、语音识别技术、图像识别技术和触摸屏技术等，都属于媒体识别技术。媒体理解技术是对信息进行更进一步的分析处理和理解信息内容，如自然语言理解、图像理解、模式识别等技术。

4. 多媒体通信网络技术

多媒体通信网络技术是多媒体技术、通信网络技术与计算机技术相互渗透和发展的产物。

各种多媒体应用都要求在网络上同时传输文本、图形、图徽、声音与视频等综合多媒体信息。这些信息不仅量大，还要求连续性，不能有间断或跳跃感，同时音频和视频之间必须保持同步。多媒体信息流既可能是单向的，又可能是双向的；既可能是点对点的，又可能是点对多点的。传统的计算机网络很难完全适应多媒体信息传输的要求。为了满足数据量大、实时性、媒体相关性、交互性的多媒体信息通信要求，就需要对已有的网络进行改进或全新的建设。目前，已出现以下六种解决方案：宽带多媒体网络、x 数字用户线路（xDSL）宽带网、虚拟专用网络、宽带 IP 网、电视传播网络和宽带无线接入网络。

5. 多媒体信息同步技术

同步是一个与时间相关的概念。多媒体系统中的同步主要指各媒体对象间的时序关系，广义的多媒体同步包括媒体对象之间的内容、空间、时间关系。

多媒体信息同步由很多系统部件来支撑和体现，包括操作系统、通信系统、数据库、文档，甚至一些具体应用，因此，多媒体系统中的信息同步必须在多个层次上予以考虑。

6. 多媒体专用芯片技术

多媒体专用芯片技术的发展依赖于超大规模集成电路技术的发展，它是多媒体硬件系统结构的关键技术。

7. 多媒体软件技术

多媒体软件技术主要包括多媒体操作系统、多媒体素材采集与制作技术、多媒体编辑与创作工具、多媒体数据库技术、超文本/超媒体技术以及多媒体信息处理与应用开发技术六个方面的内容。

第二节　音频处理技术

声音是由物体振动产生的，并以空气为媒介进行传送。最简单的声波是正弦波。声波的振幅与频率决定了声音的效果，声音的响亮程度在专业上用振幅来表示，波峰越高，声音越响。声音的音调高低用频率表示，其单位是 Hz，波峰之间的距离越小，频率就越高，音调也越高。声音按其频率可分为三种：次声波（频率低于20Hz）、声波（20~20kHz）、超声波（频率高于20kHz）。次声波和超声波这两类声音人耳是听不到的，人耳可听到的声音是频率在 20Hz~20kHz 之间的声波。

多媒体计算机中产生声音的方式主要有三种：由外部声音源进行录制和重放（Wave 波形音频）、MIDI 音乐（MIDI 音频）、CD-Audio（CD 音频）。根据获得途径和存储方式的不同，音频文件有多种文件格式；每种格式有各自的特点，可以使用不同的音频处理工具进行编辑。

一、音频数字化

声音是一种模拟量，声音的数字化从技术上讲就是要完成模拟量到数字量的转换，即 A/D 转换，通常以麦克风、CD 作为音频信号的输入源，由声卡以一定的采样频率与量化位数对声音进行采样和量化，并以需要的格式存储在计算机里。因为扬声器只接受模拟信号，当播放音频文件时，处理过程刚好倒过来，声卡把数字信息再还原为原来的模拟信息，即 D/A 转换，经混音器混合后由扬声器输出。

声卡的采样就是按一定的时间间隔采集该时间点的音频信号幅度值，所得数据用二进制存储。量化就是在计算机音频处理过程中，将采样得到的数据按一定的量化精度进行存储的过程。

影响音频数字化质量的三个主要因素：采样频率、量化位数、声道数。

（一）采样频率

采样频率是指单位时间的采样次数，也就是每秒从模拟声波中选择多少个点的声音样本，单位是 Hz。采样频率越高，越接近源音质。根据"奈奎斯特定理"：在模拟信号数字化的过程中，如果保证取样频率大于模拟信号最高频率的两倍，就能 100% 精确地再还原出原始的模拟信息，因此采样频率应至少为整个声音信号波形最高频率的两倍。在人耳认可的范围内，一般有 11.025kHz、22.05kHz、44.1kHz 等采样频率。例如 CD 唱片的采样频率为 44.1kHz，就是因为人耳可以听到的最高声音频率为 20kHz，考虑到电子零件在低频时的消退现象，将 20×2 后再加以修正，最终得到 44.1kHz 的采样频率。

（二）量化位数

每次采样的信息量，即每个声音样本用几位二进制数来表示，也就是量化精度（幅值）。量化后模拟声音信号就编码为数字信号。量化的位数越高，等级越高，越接近源音质。量化精度通常有 8 位、16 位、32 位二进制数等。

（三）声道数

声音通道的个数表明声音产生的波形数，一般分单声道和立体声道。单声道每次生成一个声波数据，立体声产生两个波形。采用立体声道声音丰富，但存储空间要占用更多，如用单声道每分钟占 0.66MB 空间，选立体声道则达 1.32MB，为单声道的两倍。由于声音的保真与节约存储空间是成反比的，因此总存在一个选择平衡点的问题。

计算不压缩的情况下数字化声音的存储空间可用下列公式：

存储空间＝（采样频率×量化位数）×时间长度×声道数÷8

二、音频文件

在计算机中，声音文件也称为音频文件。根据获得的途径和存储的方式不同，声音文件也有多种格式，不同格式的声音文件具有不同的存储特点，可以使用不同的声音编辑工具进行编辑和处理。常见的声音文件格式除了 WAV、MID 和 MP3 以外，还有 CD 格式、RA 格式、WMA 格式等。

（一）WAV 格式

WAV 文件也称为波形文件，是 Windows 所使用的标准数字音频，文件的扩展名是 WAV，它记录的是对实际声音进行采样所得到的数据。但是 WAV 音频文件也有明显缺点：产生的文件太大，不适合长时间记录。例如同样是半小时的立体声音乐，MIDI 文件只有 200KB 左右，而 WAV 则要 300MB。

（二）MIDI 合成音乐

乐器数字接口（Musical Instrument Digital Interface，MIDI）文件的扩展名为 MID。MIDI 文件是音乐与计算机技术结合的产物。MIDI 其实泛指数字音乐的国际标准，该标准始于 1982 年，符合此标准的多媒体 PC 平台能够通过内部合成器或连接到计算机 MIDI 端口的外部合成器播放 MIDI 文件。

MIDI 文件与波形文件相比要小得多，常用于长时间播放音乐的场合，或背景音乐与 CD 中数据需要同时使用时，以及波形声音与背景音乐相伴的情况。通常可以用 Windows Media Player 来播放 MIDI 音乐，用 Cakewalk 来编辑 MIDI 文件。

（三）MP3 格式

MP3 全称是动态影像专家组压缩标准音频层 3（Moving Picture Experts Group Audio Layer Ⅲ），也是一种数字音频编码和有损压缩格式，其扩展名为 MP3。它设计用来大幅度地降低音频数据量，可以将音乐以 1：10 至 1：12 比率压缩，而对大多数用户来说，重放的音质与最初的不压缩音频相比没有明显的下降。

MP3 的原理：采用有损压缩技术，利用人耳听觉系统的主观特性（心理声学）确定压缩率，即去掉人耳感觉不到的信息细节（主要是高音频部分），使正常人耳感觉不到失真，以获得小得多的文件。MP3 技术提供了在数据大小和声音质量之间进行权衡的一个范围，每分钟 MP3 格式音乐只有 1MB 左右大小，大大小于 WAV 文件，播放时要使用 MP3 播放器对 MP3 文件进行实时的解压缩（解码）由于 MP3 采用的是有损压缩技术，对欣赏音乐有较高要求的人来说，音质稍有不足。

（四）CD 格式

在大多数播放软件的"打开文件类型"中，都可以看到 *.cda 格式，这就是 CD 音轨了，它是当今世界上音质最好的数码音频格式之一。CD 音轨近似无损，因此，它的声音基本上是忠于原声的，能让人感受到天籁之音。CD 光盘可以在 CD 唱片中播放，也能用计算机里的各种播放软件来重放。*.cda 文件只是一个索引信息，并没有真正包含声音信息，所以不论 CD 音乐的长短，在计算机上看到的".cda 文件"都是 44 字节长。因此，不能直接复制 CD 格式的 *.cda 文件到硬盘上播放，需要使用音频转换软件把 CD 格式的文件转换成 WAV 后才能播放，如 Windows 媒体播放器、超级解霸软件等都可以进行这样的转换。

（五）RealAudio 格式

RealAudio 主要适用于在网络上的在线音乐欣赏，几乎所有的下载站点会给出根据所使用的 Modem 速率选择最佳的 Real 文件的提示。

Real 文件的格式主要有：RA（RealAudio）、RM（RealMedia，RealAudioG2）和 RMX（RealAudio Secured）等。这些格式的特点是可以随网络带宽的不同而改变声音的质量，在保证大多数人听到流畅声音的前提下，令带宽较富裕的听众获得较好的音质。

（六）WMA 格式

WMA 格式是微软公司开发的，音质要强于 MP3 格式，更远胜于 RA 格式，WMA 的压缩率一般都可以达到 1∶18 左右。WMA 的另一个优点是内容提供商可以通过数版权管理（Digital Rights Management，DRM）方案加入防复制保护。这种内置的版权保护技术可以限制播放时间、播放次数，甚至于播放的机器等，这对防盗版来说是一个福音。

WMA 还支持音频流技术，适合在网络上在线播放，作为微软抢占网络音乐的开路先锋可以说是技术领先、风头强劲。更方便的是，它不用像 MP3 那样需要安装额外的播放器，Windows 操作系统和 Windows Media Player 的无缝捆绑使得只要安装了 Windows 操作系统的计算机就可以直接播放 WMA 音乐。

WMA 格式在录制时可以对音质进行调节。同一格式，音质好的可与 CD 媲美，压缩率较高的可用于网络广播。

三、音频媒体的管理

无论是波形声音，还是 MIDI 声音，在 Windows 中都可以使用媒体播放器播放。Windows 的媒体播放器实际上是 Windows 中的一个多媒体管理平台，可以进行各种媒体文件的导入、管理、播放与分享。

（一）Windows Media Player 简介

Windows Media Player 不仅可以播放音频和视频文件，还可以对音乐进行分类、翻录与刻录音乐 CD，向移动设备同步传送歌曲。此外，还可以利用它浏览图片。

1. Windows Media Player 的界面

在默认情况下，Windows Media Player 被锁定在任务栏中，单击图标即可启动。如果是首次启动 Windows Media Player 程序，则弹出"欢迎使用 Windows Media Player"的初始界面，通常选择"推荐设置"单选钮，单击"完成"按钮，打开 Windows Media Player 媒体库窗口。

2. 媒体文件的导入

在 Windows Media Player 媒体库中导入音乐媒体文件的操作步骤如下。

打开媒体窗口，右击导航窗格中的"音乐"，在弹出的快捷菜单中选择"管理音乐库"命令，打开"音乐库位置"对话框，在"库位置"框中已经包含"我的音乐"和"公用音乐"两个文件夹。

单击"添加"按钮，打开"将文件夹包括在'音乐'中"对话框，选择要添加到媒体库中的音乐文件夹，单击"包含文件夹"按钮，返回"音乐库位置"对话框，则所选的音乐文件夹已经添加进来，单击"确定"按钮，完成音乐媒体文件的导入。

在 Windows Media Player 媒体库中导入视频和图片媒体文件的操作步骤与导入音乐媒体文件的操作步骤基本相同。

3. 媒体文件的管理

媒体文件导入媒体库，分类进行管理，可以按不同类别来浏览媒体文件。例如单击导航窗格中的"音乐"，在展开的列表中默认情况下列出三个分类：艺术家、唱片集和流派。选择按唱片集浏览音乐，则在右侧"详细细节窗格"中显示已添加的音乐专辑及其中包含的曲目。可以通过自定义，为媒体库添加更多不同的类别。其操作步骤如下：

单击工具栏中的"组织"按钮，在弹出的菜单中选择"自定义导航窗格"命令，打开"自定义导航窗格"对话框。

在"定义导航窗格"对话框中选中要添加类别前的复选框。单击"确定"按钮，返回媒体库窗口，可以看到新类型已添加，选择不同的类型并以不同的视图浏览媒体文件。

对于导入媒体库的文件，如果需要删除，可在详细信息窗格中右击要删除的媒体文件，在弹出的快捷菜单中选择"删除"命令，打开删除项目窗口。根据情况，从中选择相应的删除媒体文件的方式。

若要删除媒体库中媒体文件夹，如某个音乐文件夹，可以右击导航窗格中的"音乐"，在快捷菜单中选择"管理音乐库"，打开"音乐库位置"对话框，选择要删除的媒体文件夹，单击"删除"按钮即可。

四、音频处理

音频的处理包括录音、编辑、添加音效、格式转换等。金波音乐编辑器（GoldWave）是一个集音频播放、录制、编辑、格式转换多功能于一体的数字音乐编辑器。使用 GoldWave 可以对音频文件进行复制、粘贴、混音等操作，可以对音频文件进行调整音量、调整音调、降低噪声、静音过滤等操作，提供回声、倒转、镶边、混响等多种特效，可以在多种音频格式之间进行转换。

（一）使用 GoldWave 录音

GoldWave 的界面由主窗口和控制器窗口组成。其中，主窗口包括菜单栏、常用工具栏和特效工具栏、波形显示窗口；控制器窗口包括播放控制按钮和动态特效显示窗口，其作用是播放声音与录制声音。

使用 GoldWave 可以录制从麦克风输入的声音，也可录制计算机中其他播放器通过声卡播放的音乐。其操作步骤如下：

单击"常用工具栏"的"新建"按钮，在弹出的"新建声音"对话框中设置声音文件的声道数、采样速率、初始化长度，新建声音文件。

单击控制器窗口中的"开始录音"按钮，开始录音。录制完毕后，单击控制器窗口中的"停止录音"按钮，停止录音。

执行"文件/另存为"命令，打开"保存声音为"对话框，输入文件名，选择保存类型，并设置其音质，然后单击"保存"按钮。

（二）声音的编辑

GoldWave 可以对声音波形直接进行复制、剪切、剪裁、删除等编辑操作。在进行编辑操作之前首先需要选定波形。波形选择的操作步骤如下：

第一步，单击主窗口中"打开"按钮，选择一个需要编辑的声音文件打开，显示为两个声道的波形，表示该声音文件是立体声文件。其中，绿色波形代表左声道，红色波形代表右声道。

第二步，在波形上单击，设置所选波形的开始点。

第三步，在波形上右击，打开快捷菜单，执行"设置结束标记"命令，设置所选波形的结束点。此时选中的波形以较亮的颜色并配以蓝色底色显示，未选中的波形以较淡的颜色并配以黑色底色显示。

1. 剪裁波形

剪裁波形的步骤如下：

第一，选中要剪裁的波形段。

第二，单击"常用工具栏"上的"剪裁"按钮，则未选中的较淡颜色的波形被删除，选中的高亮波形被自动放大显示。

2. 删除波形

删除波形的步骤如下：

第一，选中要删除的波形段。

第二，单击"常用工具栏"上的"删除"按钮，则选中的波形被删除，其他未选中的波形被自动放大显示。

3. 复制、粘贴波形

复制、删除波形的步骤如下：

第一，选中要复制的波形段。如果要复制整个波形段，可以不做选择波形的操作。

第二，单击"常用工具栏"上的"复制"按钮，将选中的波形段复制到剪贴板中。

第三，用鼠标单击目标位置，单击"常用工具栏"上的"粘贴"按钮，将剪贴板中的波形段插入选定位置。

4. 混音

所谓混音，就是将两个声音波形段进行混合。例如制作配乐诗朗诵，可以利用混音来合成两个声音文件。其操作步骤如下：

一是从素材库中打开两个声音文件。

二是在一个声音文件窗口，单击"复制"按钮。

三是选择"窗口"菜单，将波形窗口切换到另一个声音文件窗口，单击"混音"按钮，打开"混音"对话框，设置混音的起始时间，然后单击"确定"按钮，完成两个声音文件波形的混音。

（三）声音的特效处理

声音的特效处理包括调整音量、调整播放时间和播放速度添加同声、音乐淡入/淡出、消除音乐中的静音段等。

1. 调整音量

声音的音量大小与振幅有关。在 GoldWave 中调整音量的操作步骤如下：

第一，打开需要调整音量的文件。

第二，单击"更改音量"按钮，或执行菜单"效果"—"音量"—"更改音量"命令，打开"更改音量"对话框。向右拖动"音量"滑块，则加大音量；向左拖动"音量"滑块，则减小音量。单击对话框中"播放"按钮，可以试听调整音量的效果。

2. 调整播放时间和播放速度

声音文件的播放速度如果降低，则播放时间加长；如果播放速度加快，则播放时间减少。播放速度与声音波形的周期有关。在 GoldWave 中可以使用时间弯曲功能调整声音文件的播放时间和播放速度。其操作步骤如下：

第一，打开声音文件。

第二，执行菜单"效果"→"时间弯曲"命令，打开"时间弯曲"对话框。

拖动"变化"单选钮后面的滑块，可调整播放速度的百分比；拖动"长度"后面的滑块可以设置当前文件的总长度，单击"播放"按钮可以试听增加文件长度后的减速效果或减少文件长度后的加速效果。

3. 添加回声

回声就是将声音波形进行复制叠加，使得叠加后的波形比原波形延迟一段时间，从而达到回声的效果。其设置步骤如下：

第一，打开需要添加回声的声音文件。

第二，单击"回声"按钮，或执行"效果"→"回声"命令，打开"回声"对话框。设置回声数量、延迟时间等，单击"播放"按钮，试听添加回声后的声音的效果。

4. 音乐淡入/淡出

在多媒体作品中通常设置背景音乐的进入方式为淡入，退出方式为淡出。其设置步骤如下：

第一，打开声音文件。

第二，单击"淡入"按钮，或执行"效果"→"音量"→"淡入"命令，打开"淡入"对话框。拖动"初始音量"后面的滑块到一定位置，在"渐变曲线"框中选择类型，单击"播放"按钮，试听添加淡入的声音效果。

淡出的方法同淡入。

5. 消除音乐中的静音段

GoldWave 具有去除声音文件中的静音段的功能。其操作步骤如下：

第一，打开需要处理的声音文件，从主窗口显示的波形可以看出静音段。

第二，全选整个音频文件，单击"特效工具栏"中的"静音消除"按钮，打开"静音消除"对话框。选择"预置"中的选项设置即可。

五、语音合成与识别技术

语音是人类进行信息交流的媒介。如果计算机具有像人一样使用声音交流信息的能力，那么人与计算机之间就可以通过声音进行对话，这将改变目前人们主要通过键盘将信息输入计算机中；以及通过显示器屏幕来了解计算机的输出这一局面，即人机界面将进一步得到改观，这样人机交流将更加人性化。这一目标需要随语音处理技术的发展而实现。

语音处理就是利用计算机对语音进行处理的技术。它包括两个方面的内容：

一是使人们能用语音来代替键盘输入和编辑文字，也就是使计算机具有"听懂"语音的能力，这是语音识别技术；二是要赋予计算机"讲话"的能力，用语音输出结果，这是语音合成技术。

（一）语音识别技术

随着计算机技术的飞速发展，人与机器用自然语言进行对话的梦想正在逐步实现。进入 20 世纪 90 年代之后，语音识别的研究进一步升温，1997 年 9 月，IBM 公司率先在北京推出了中文连续语音识别系统 Via Voice。它是适用于中文 Windows 95/98 上使用的普通话语音识别听写系统及相应的开发工具，无须指定说话人，无须做专门训练，可进行自由句式输入，每分钟可读入 150 个汉字，平均识字率超过 95%，自定义词组和用户添加词组达 6 万条，标志着大词汇量、非特定人、连续语音识别技术趋于成熟。

Windows7 提供了语音识别功能，利用声音命令来指挥计算机，实现人机交互。在使用语音识别前，要设置麦克风、了解如何与计算机进行交谈！即训练计算机使其理解语音。启动语音识别的方法：单击"开始"→"所有程序"→"附件"→"轻松访问"→"Windows 语音识别"，或者在控制面板单击"语音识别"选项打开语音识别窗口，从中选择它可以对计算机下达命令或输入文本。对于语音识别功能可能通过 Windows 帮助与支持中搜索"学习语音教程"来进一步了解。

语音识别技术所涉及的领域包括：信号处理、模式识别、概率论和信息论、发声机理和听觉机理、人工智能等。

（二）语音合成技术

语音合成，或者称计算机说话，包含两种可能实现的途径：

一种是像普通的录音机一样，使计算机再生一个预先存入的语音信号，不过这是通过数字存储技术来实现的。如果简单地将预先存入的单音或词组拼接起来也能做到让"机器开口"，但它是"一字一蹦"，机器味十足，人们很难接受。

如果预先存入足够的语音单元，在合成时采用恰当的技术手段挑选出所需的语音单元，将它们拼接起来，也有可能生成高自然度的语句，这就是波形拼接的语音合成方法。为了节省存储容量，在存入机器之前还可以对语音信号先进行数据压缩。

另一种是采用数字信号处理的方法，用能表征声道谐振特性的时变数字滤波器来模拟人类发声的过程。调整滤波器的参数等效于改变口腔及声道形状，达到控制发出不同音的目的，而调整激励源脉冲序列的周期或强度，将改变合成语音的音调、重音等。因此，只要正确控制激励源和滤波器参数（一般每隔 10~30ms 发送一组），这个模型就能灵活地合成出各种语句来，因此，又称为参数合成方法。

计算机输出的"合成语音"应该是可懂、清晰、自然、具有表现力的，这是语音合成追求的目标。

Windows 带有一个称为"讲述人"的基本屏幕读取器，就是一个将文字转换为语音的实用程序。当使用计算机时，计算机会高声阅读屏幕上的文本并描述发生的某些事件。"讲述人"读取显示在屏幕上的内容包括：活动窗口的内容、菜单选项或键入的文本。

启动 Windows "讲述人"功能的方法：单击"开始"→"所有程序"→"附件"→"轻松访问"→"讲述人"，打开"Microsoft 讲述人"对话框，进行相应设置后即可体验"讲述人"的功能。

第三节　图像处理技术

一、数字图像基础知识

（一）图像的色彩模型

色彩空间模型是计算机用以表示、模拟和描述图像色彩的方法。常用的色彩模型有以下四种。

1. RGB 模型

RGB 色彩模型是工业界的一种颜色标准，也是通过对红（Red）、绿（Green）、蓝（Blue）三个颜色通道的变化，以及它们相互之间的叠加来得到各式各样的颜色的。现在所有的显示器都采用 RGB 值来驱动。这个标准几乎包括了人类视力所能感知的所有颜色，是目前运用最广的颜色系统之一。RGB 模型为图像中每一个像素的 RGB 分量分配一个 0~255 范围内的强度值，故它们按照不同的比例混合后可以获得 256×256×256 = 16 777 216 种不同的颜色。例如，纯红色的 R 值为 255，G 值为 0，B 值为 0；灰色的 R、G、B 三个值相等（非 0、255）；白色的 R、G、B 三个值都为 255；黑色的 R、G、B 三个值都为 0。

2. CMYK 模型

CMYK 模型使用青（Cyan）、洋红（Magenta）、黄（Yellow）、黑（Black）四个色彩信道产生可在一台印刷机上打印的色彩。由于 RGB 模型显示的颜色多，主要是靠色光叠加形成，而印刷或打印图形图像画面时是以青、洋红、黄和黑四种颜色呈现在介质（纸或其他介质）表面上的。颜料（矿物或有机物）是吸收或反射色光的，颜料本身不发射光线，因此通过四色的组合和描述，产生印刷可见光谱中的大多数的颜色空间模型。CMYK 模型属于一种减法色彩模型，应用于打印模式。

3. HSB 模型

HSB 就是用色相（Hue）、饱和度（Saturation）、明度（Brightness）三个因素来描述颜色，它较为符合人眼感知色彩的方式。在该模型中，色相的取值单位是度，即角度（0°~360°），表示色相位于色轮上的位置（色相是从物体反射或透过物体传播的颜色）；饱和度的取值是百分比，是指颜色的强度或纯度，表示色相中灰色分量所占的比例，在标准色轮上，饱和度从中心到边缘递增，饱和度低色彩就接近灰色；明度也称为亮度，是颜色的相对明暗程度，通常用从 0%（黑色）至 100%（白色）的百分比来度量，亮度高色彩明亮，反之色彩暗淡，亮度最高得到纯白，最低得到纯黑。

4. Lab 模型

Lab 模型由照度（L）和有关色彩的 a、b 三个要素组成，是由国际照明委员会（CIE）于 1976 年公布的一种色彩模式。L 表示照度（Luminance），相当于亮度，a 表示从红色至绿色的范围，b 表示从蓝色至黄色的范围。L 的值域由 0 到 100，L=50 时，就相当于 50% 的黑；a 和 b 的值域都是由 +120 至 -120，其中 +120a就是红色，渐渐过渡到 -120 时就变成绿色；同样原理，+120b 是黄色，-120b 是蓝色，所有的颜色就以这三个值交互变化所组成。Lab 色彩模型具有不依赖于设备的优点，还具有色域宽阔的优势，它不仅包含了 RGB、CMYK 的所有色域，还能表现它们不能表现的色彩。人的肉眼能感知的色彩，都能通过 Lab 模型表现出来。

（二）数字图像表示方法

在计算机中，表达图像有两种常用的方法：位图和矢量图。有时通过显示器看不出两种图的区别，但它们生成图的方法不同，也适用于不同的情况。

1. 位图

位图由数字阵列信息组成，阵列中的各项数字用来描述构成图像的各个点（像素）的位置、亮度和颜色等信息，可以装入存储器直接显示。也就是说，位图是把一幅彩色图分成许许多多的像素，用若干个二进制位来表示每个像素的颜色、亮度和属性。因此计算机存储的其实是描述每个像素的数据，这些数据通常称为图像数据，这些数据所组成的文件称为位图文件。目前，常用的处理位图的软件有 Photoshop、PhotoDraw、FreeHand 等，最常用的是 Photoshop。

位图适用于表现具有丰富的层次和色彩、包含大量细节的图像，因为不需要计算，可以直接、快速地显示在屏幕上。位图的获取通常用扫描仪、摄像机、激光视盘与视频捕捉卡等设备，把模拟的图像信号变成数字图像数据。

位图的质量主要是由图像的分辨率和色彩位数决定。图像色彩丰富程度由色彩位数决定，图像实际显示的颜色还会受到显示器色彩位数的影响。由于要存储每一个像素的信息，位图文件占据的存储空间较大。一幅分辨率为 320×480 的彩色图像，每个像素采用 24 位量化，数据量约为 3.68MB。

计算未压缩位图的大小的公式如下：

文件大小=图像分辨率×色彩位数/8（Byte）

2. 矢量图

矢量图用一组指令集合来描述图形的内容，这些指令用来描述构成图形的所有直线、圆、矩形、曲线等图元的位置、大小、颜色、形状和维数等。矢量图记录的是对图形性质的描述，这种方法实际上是用数学方法来描述一幅画。由于矢量图并不存储实际图形的数据，在计算机屏幕上显示矢量图形要有专门的软件，这些软件将描述图形的指令转换成在屏幕上显示的形状和颜色。

矢量图主要适用于线型的图画、美术字和工程制图等。产生这类图形的程序常称为"绘图"程序，它可以分别产生矢量图的各个片段，对各个部分可以很容易地进行移动、旋转、缩放和扭曲等变换，并将它们互相重叠，因此处理简单的图形相当容易。但复杂的图形不适合用矢量图表示，尤其是处理复杂的彩色照片。因为真实世界的彩照，很难用数字来描述，计算机要花费很长的时间去执行绘图指令，如著名的图形设计软件 AutoCAD，所使用的 DXF 图形文件就是典型的矢量化图形文件。常用的矢量图软件还有 Adobe Illustrator、CorelDraw、Flash、Fireworks、3Ds MAX 等。

矢量图和位图相比，显示位图文件比显示矢量图要快；矢量图侧重于"绘制""创造"，而位图偏重于"获取""复制"；矢量图与分辨率无关，放大不影响图像的清晰度，位图会随着放大而变模糊，甚至产生马赛克现象。矢量图和位图可以通过软件进行转换。

（三）分辨率

分辨率是计算机描述和显示数字化图像的重要指标。常见的有以下四种。

1. 显示分辨率

显示分辨率是指显示屏上能够显示出的像素数目，也称屏幕分辨率。例如，显示分辨率为 640×480 表示显示屏分成 480 行，每行显示 640 个像素，整个显示屏就含有 307 200 个显像点。显示分辨率与显示系统的软硬件及显示模式有关，标准 VGA 图形卡的最高分辨率为 640×480。

2. 图像分辨率

图像分辨率是指组成一幅图像的像素的度量方法。简单地说就是图像水平与垂直方向的像素个数。对同样大小的一幅画，如果组成该图的图像像素数目越多，则说明图像的分辨率越高，图像就越逼真。图像分辨率与其在屏幕上显示的大小直接相关，一幅分辨率为 640×120 的图像，在 VGA 显示器上占据 1/4 的面积；而分辨率为 2400×3000 的图像在这个显示屏上就不能显示完整的画面。

3. 扫描分辨率

扫描分辨率表示一台扫描仪输入图像的细微程度，指每英寸扫描所得到的点，单位是 DPI。数值越大，表示被扫描的图像转化为数字化图像越逼真，扫描仪质量也越好。

4. 打印分辨率

打印分辨率表示一台打印机输出图像的技术指标，由打印头每英寸输出数目决定，单位也是 DPI，高清晰度的打印超过 600DPI。

（四）色彩位数

色彩位数也称像素深度、图像深度，是指存储每个像素所用的二进制位数，它决定了彩色图像的每个像素可能有的颜色数，或者确定灰度图像的每个像素可能有的灰度级数。像素深度和图像所占用的存储空间成正比。例如某单色图像，若像素深度为 8，则可以显示出 $2^8 = 256$ 种不同的深浅程度的颜色。表示一个像素的位数越多，它能表达的颜色数目就越多，而它的深度就越深。

多媒体应用中推荐至少用 8 位 256 种颜色。由于设备的限制，加上人眼分辨率的限制。一般情况下，不一定要追求特别深的像素深度。

（五）获取数字化图像

通常需要将原始图像，如绘画、照片、杂志、视频截图等进行数字化，才能进行计算机处理。数字化的方式主要是使用数码相机扫描仪、视频捕捉卡等，艺术设计类专业人员也使用连接在计算机上的数字画板直接绘图。

1. 使用数码相机

数码相机的工作原理：首先，通过镜头接收光线；其次，被称为电耦合元件（CCD）的摄影元件（有时也使用 CMOS 传感器）将所接收的光线转换成电信号；最后，将电信号作为数据记录到内置存储器和存储卡中。在使用数码相机的过程中，要注意其最高分辨率，如 1600×1200，前者是指图像长度的像素值，后者是图像宽度的像素值，两者的比值通常是 4∶3，两者相乘的值即图像的像素值，也就是该数码相机的分辨率（如 200 万像素）。通常数码相机提供多种不同的分辨率，用户可根据需要选择，分辨率越高则所需存储空间越大。

2. 使用扫描仪

扫描仪的工作原理：首先，对原稿进行光学扫描；其次，将光学图像传送到光电转换器中变为模拟电信号；再次，将模拟电信号变换成为数字电信号；最后，通过计算机接口送至计算机中。扫描仪的光学分辨率是决定其性能的最重要指标。在使用扫描仪时，将其与计算机接口正确连接后，还要安装相应的软件才能进行扫描，扫描后的数字图像可以直接存储在计算机上。

3. 使用视频捕捉卡

视频捕捉卡需要占用电脑的一个扩充槽，通过它将视频信号由放像设备捕捉入计算机。一般来说，视频捕捉卡都附带一个扩展坞，上面提供用以连接放像设备的各种插口。因为数字化的视频信号所占硬盘空间都非常大，所以很多捕捉卡在采集视频信号的同时对信号进行压缩，以避免在CPU、数据桥（连接捕捉卡和计算机）及写入硬盘时可能出现的部分视频内容（帧）丢失。但是，视频捕捉的图像质量通常无法与数码相机拍摄的相媲美。

二、数字图像文件格式

由于原始的数字图像数据会占据较大的空间，因此计算机在处理、存储和传输它们时需要进行压缩编码，从而产生了各种不同的数字图像格式。

（一）BMP 文件

BMP 是基本位图格式，与设备无关，也是 PC 的 Windows 和 Mac OS 操作系统下图形图像的基本位图格式。BMP 文件有压缩和非压缩之分，一般作为图像资源使用的都是不压缩的，它支持黑白、16 色和 256 色伪彩色图像和 RGB 真彩色图像。

（二）GIF 文件

GIF 文件产生的目的就是为了在不同的平台上进行图像交流，它最大不能超过 64MB，具有 8 位颜色格式（最多显示 256 色）。GIF 文件采用无损压缩方式，压缩比例小于 JPEG 格式，支持透明色和颜色交错，压缩比高，文件小。GIF 文件主要用于包含纯色的图像，如插图、按钮、图标、草图等，不适用于照片。GIF 图像有两种主要的规范，即 GIF87a 和 GIF89a，后者支持图像内的多画面循环显示，可以用来制作小型的动画，现有万维网（WWW）上的许多微型动画就是用这种方法制作的。GIF 格式已成为网上最流行的图像文件之一。

（三）JPEG 文件

JPEG 是可缩放的静态图像压缩格式，可以调整压缩比率，支持 24 位真彩色，采用有损压缩方式，能以很高的压缩比率来保存图像，文件非常小而图像质量损失不多。它适用于处理大量图像的场合和经常缩放、变换的 Web 站点，也是现有 WWW 最流行图像格式之一。JPEG 格式适合保存照片或超过 256 色的图像，常用于自然风景照、人物及动物的彩色照片、大型图像等。但它是一种有损压缩的编码格式，也是以牺牲图像中某些信息为代价换取较高的图像压缩比，一般不适合用来存储原始图像素材。

其他的还有 TIF 文件、WMF 文件、PCD 文件、PSD 文件、PNG 文件等。

三、数字图像数据压缩

因为高分辨率的图像要占用大量的内存和硬盘空间，所以要通过压缩来减少图像存储时的数据量。压缩方法有无损压缩和有损压缩两种。无损压缩确保还原后的图像与压缩前一样，行程长度编码（RLE）法是一种典型的无损压缩法。有损压缩会丢失一些数据，无法将图像还原到原始图像的状态，JPEG 是目前最常用的图像有损压缩方法。通常，用于屏幕观看的图像可使用有损压缩方法处理，而用于打印的图像需要较高的分辨率，最好使用无损压缩，以确保清晰度。

（一）RLE 法

RLE 的工作机理是用两个数替代图像文件中表示像素值的数字重复的序列：一个数指定了行程的长度（数值重复的数目）；另一个数表示数值本身。

这个压缩过程没有丢失任何文件信息，是一种无损压缩的方式。大部分含有相邻像素等值冗余码的图形图像文件的压缩（如 PCX、BMP 等）都利用了这种方法。无损压缩可以减少存储时所占的硬盘空间，却不能减少图像处理时的内存占用，因为图像处理软件会将丢弃的重复信息补充到原来位置。

（二）JPEG 有损压缩

JPEG 有损压缩的原理是根据重要等级分离图像中的信息，然后为了减少必须存储的数据量，去掉一些不太重要的信息。JPEG 有损压缩允许用户指定质量因子，高质量因子保留更多的图像细节，但是产生了较低的压缩率；低质量因子产生了较高的压缩率，但是图像较模糊。JPEG 压缩过程比较复杂，会丢弃图像中的高频成分，保留低频成分，因为人的眼睛对于颜色中的高频成分变化不太敏感，对图像的注意力会停留在低频成分上。因此图像解压缩时，结果像素值不一定与原来一样，但感觉差异不大。

当用 RLE 或 JPEG 压缩全彩色图像时，红、绿、蓝三色处于不同的通道，是分别压缩的。如果是调色板彩色位图图像或单纯浓淡的灰度位图图像，只须对像素值进行一遍压缩编码。

四、数字图像的处理工具

（一）Photoshop 的基本知识

Photoshop 是美国奥多比（Adobe）公司开发的专业图形图像处理软件，由于其丰富的内容和强大的图形图像处理功能而深受艺术、设计、建筑等专业领域用户的欢迎，成为图形图像处理领域的王牌软件。Photoshop CC 是较新的版本，提供了各种功能强大的实用工具。

Photoshop CC 不仅能处理各种模式的彩色图像（RGB、CMYK、Lab、多通道），还能处理位图（只表现黑色白色的图像）、灰度图（表现 256 种阴影的图像，效果如黑白照片）、双色调（表现 2~4 种颜色组成的图像，效果如杂志插页，制作双色调图必须先把彩图转化为灰度图）。

（二）Photoshop 的操作界面

如许多软件一样，Photoshop 操作界面上包括菜单栏、选项栏、工具栏、图像窗口、浮动面板等。

（三）工具箱

在工具栏上，许多工具图标的右下角有黑色箭头，这表示有相关工具可供选择。

（四）各种面板

Photoshop 的面板包括导航器面板、动作面板、段落面板、工具预置面板、画笔面板、色板面板、图层面板、历史记录面板、信息面板、颜色面板、通道面板、路径面板、样式面板、直方图面板、字符面板等。最常用的面板有以下几种：

（1）图层面板：图层相当于电子画布，利用图层面板，可以建立、隐藏、显示、复制、合并、删除图层，可以设置图层样式和对图层填充颜色，也可以调整图层的前后位置。

（2）历史记录面板：可以帮助存储和记录操作过的步骤，利用它可以回复到数十个操作步骤前的状态，对于纠正错误编辑很方便。

（3）颜色面板：拖移颜色区块下方的三角形游标可以调整色彩，所选择的前景色和背景色会显示在面板的上方。

（4）通道面板：通道用于存储不同类型信息的灰度图像，打开新图像时，会自动创建颜色信息通道。图像的颜色模式确定所创建的颜色通道的数目。利用"通道面板"可以创建并管理通道，以及监视编辑效果。该面板列出了图像中的所有通道：一是复合通道（对于 RGB、CMYK 和 Lab 图像）；二是单个颜色通道，专色通道；三是 Alpha 通道。通道内容的缩览图显示在通道名称的左侧，缩览图在编辑通道时会自动更新。

（5）路径面板：路径面板列出了每条存储的路径、当前工作路径与当前矢量蒙板的名称和缩览图像。减小缩览图的容量或将其关闭，可在路径面板中列出更多路径，而关闭缩览图可提高性能。要查看路径，必须先在路径面板中选择路径名。

五、数字图像的处理技术

数字图像的处理主要操作有：部分图像对象的选择，图像颜色模式变换，大小缩放、剪切、翻转、旋转、扭曲，多幅图像的编辑、合成，添加马赛克、模糊、玻璃化、水印等特殊效果，图像文件格式转换和打印输出；等等。下面介绍 Photoshop 的应用技术。

（一）图像文件基本操作

图像文件基本操作包括打开图像、新建图像和保存图像。图像可以直接保存，也可以保存为 Web 所用文件。创建新图像文件需要设定图像的高度、宽度、色彩模式、背景颜色和分辨率。

因为图像附着在画布上，所以旋转画布时，画布上的图像、图层、通道等所有元素随之旋转。如果只想旋转部分图像，应使用编辑菜单中的"变换"工具。

可以利用各种工具（缩放工具、抓手工具、导航器面板）改变图像显示方式，可使用裁切工具保留部分图像。

（二）颜色选择

图像的背景色是删除背景图层的内容后显示的颜色，前景色是画笔工具涂抹的颜色。两者可以相互切换。使用拾色器可以选择颜色，注意"打印时颜色超出色域""不是 Web 安全颜色"两种色彩提示，也可以选择"仅 Web 颜色"以限制颜色在网络可以正常显示的范围。Photoshop 可提供各种色彩模式来选择颜色。

（三）使用选区

Photoshop 可以用各种方法指定选区：一是根据图像形态，用选框工具和套索工具指定选区；二是根据颜色信息，用磁性套索工具和魔棒工具指定选区。还可以用蒙板工具来选择复杂的图像，用白色画笔工具涂抹到的地方将设置为选区，用橡皮擦工具（或黑色画笔）消除选区。

对于所有选择工具，直接使用可以设定新选区；按住"Shit"键，将在选区基础上添加选区；按住"AIt"键，将从选区中删除后选的区域。可以用"选择"→"取消选区"命令取消选区，或直接用"C+D"组合键来做。

羽化选项是一种对选区的像素边线的处理方式，可取值（0~250），值越高边缘越柔和，可填充柔和的渐变色。如要制作灯光效果，就可以对圆形选区设置一定的羽化值。

用磁性套索工具进行选择时，要注意：当要选择的图像边线清晰，将磁性套索工具的宽度、边缘对比度值设置高一些；当边线不明显时，值应低一些。类似，魔棒工具的容差值越高，选择的颜色范围越广。不选择"连续"选框，被其他颜色分离的同种颜色将被选中。

可以利用选择菜单修改选区、保存选区。选区将被保存在 Alpha 通道上，可以载入选区以重复使用。"反选"命令可以设置未被选择的区域为选区。

（四）应用画笔

Photoshop 预设了各种画笔供选用，用户还可以自己定义画笔形态、大小，调节填色模式、透明度等，使画笔表现力更丰富一些。如要绘制一群大雁的效果，就可以把一只大雁的形状定义为画笔，用这种画笔来轻松绘制任意一只大雁。

Photoshop 使用各种工具为图像上色或去色，用橡皮擦工具擦普通图层后显示透明，擦除背景图层后显示背景色。

使用渐变工具能实现各种渐变效果，有线性渐变、径向渐变、角度渐变、对称渐变、菱形渐变等样式供选择，用户可以自己定义实施渐变的颜色。如要表现蓝天效果，只须用蓝白线性渐变工具填充选区就可以了。

（五）修改和复制

在图像处理过程中，为了达到理想效果，需要不断地修改，因此常用到历史记录面板。历史记录面板记录了每一步操作，可以帮助使用者恢复到以前的状态。

除此之外，Photoshop 还提供了多种复制、复原工具，如复原画笔工具、修补工具、历史记录画笔工具等，其中仿制图章工具十分常用。使用仿制图章工具首先要按住"Alt"键取样，然后用涂抹的方式复制；"对齐"选项使复制的图像参照首次复制的位置，不选择"应用于所有图层"选项只复制当前图层的内容，选择后可以将所有图层的内容同时复制。如想合成双胞胎效果，只须在适当的位置将对象分两次涂抹到背景上即可。

（六）文字工具

使用文字工具可以方便地输入文字：用字符面板可以修改文字的字体、字号、颜色；用段落面板可修改排列和缩进效果。还可用文字变形工具制作特殊的变形效果。

文字工具是四种具体工具的集合：横排文字工具、直排文字工具、横排文字蒙版工具、直排文字蒙版工具。前两种工具能在图像上"写字"，而后两种 T 具的作用是生成"文字形状"的选区。例如：要添加实心字，应使用普通文字工具；要添加空心字，则应该使用文字蒙版工具设置选区，然后再"描边"。

按住"Ctrl"键在图层面板上单击任何图层，该图层上的内容都被设置为选区。

（七）图像调整功能

Photoshop 具有强大的图像调整功能，在图像菜单的"调整"选项下，有多种可以选择的调整图像的方式。其中，图像的色调和色彩是影响一幅图像品质最为重要的两个因素。当图像偏亮或偏暗时，可以用色阶、曲线、亮度、对比度等命令进行调整。

"色阶"命令使用高光、暗调和中间调三个变量来对图像进行调整。利用"输入色阶"编辑框，可使较暗的像素更暗、较亮的像素更亮；利用"输出色阶"编辑框，可使较暗的像素变亮、较亮的像素变暗。

调整图像的亮度和色调范围。较之"色阶"命令，"曲线"命令可以调整灰阶曲线中的任何一点。

利用"亮度/对比度"命令，可以通过滑块方便地调整图像的高度和对比度。

（八）使用图层

图层就像一张透明的画布，在它上面可以涂抹各种色彩、各种线条。当多个图层被重叠起来后，通过控制各个图层的透明度及图层色彩混合模式，可以创建丰富多彩的图像特效。而这些图像特效是手工绘画无法表现出来的。因此，掌握图层的操作对图像处理而言是一个关键性的操作技能。

图层的应用可以通过图层菜单或通过图层面板来实现。

（九）运用图层样式

图层样式是在不改变原图像的基础上，修改图像效果，此效果可随时删除。一个图层可应用多个样式，但是背景图层不能应用图层样式。

图层样式主要有投影、内阴影、内发光、外发光、斜面与浮雕、光泽、颜色叠加、渐变叠加、图案叠加、描边等效果，可以根据需要选择和搭配。

（十）运用滤镜

滤镜是一系列的特效工具，其原理是按照特定规则，重新排列构成图像的像素，制作全新形态的图像，滤镜对各种颜色模式有使用限制：RGB 模式可使用全部滤镜，位图（Bitmap）模式和索引颜色（Index Color）模式不能应用滤镜，CMYK 模式不能使用"艺术化"等部分滤镜。滤镜的使用方法有两种：一种是直接应用于整体图像；另一种是先设置选区，再局部运用滤镜。

滤镜工具多种多样，Photoshop CC 提供了以下滤镜：进行像素艺术制作的像素化滤镜、可扭曲图像的扭曲滤镜、用于调整图像像素的杂色滤镜、制作柔和动感效果的模糊滤镜、用于产生特效的渲染滤镜、表现画笔效果的画笔描边滤镜、制作素描效果的素描滤镜、在图像上运用多种材质的纹理滤镜、制作艺术作品的艺术效果滤镜、用于调整图像清晰度的锐化滤镜、进行风格化特效制作的风格化滤镜等。

第四节　动画处理技术

动画作为一种表现力丰富的多媒体形式，在社会生活中得到了广泛的应用。动画制作也从传统的手工绘制时代进入了计算机时代。

一、动画基础知识

（一）动画的原理

动画的实质是一幅幅静态图像的连续播放，其利用了人的视觉暂留现象。人眼在观察景物时，光信号传入大脑神经，须经过一段短暂的时间，光的作用结束后，视觉形象并不立即消失，这种残留的视觉称"后像"，视觉的这一现象则被称为"视觉暂留"。视觉暂留现象是由视神经的反应速度造成的，其时值是二十四分之一秒，因此是动画、电影等视觉媒体形成和传播的根据。

传统动画是将内容连续的图像绘制在胶片上，每一张胶片称为一帧，当胶片连续放映时就产生了运动的错觉。计算机制作的动画也包括许多帧，每一帧都与前一帧略有不同。但与传统动画的区别在于，人们不用绘制每一帧的内容，只需要定义关键帧（每一个关键帧都包含了任意数量的符号和图形，是表征对象变化的关键性画面），而中间的过渡效果由计算机自动生成，这样就能大大减少工作量。

（二）计算机动画的类型

计算机动画通常有三种：二维动画、三维动画和虚拟现实。

1. 二维动画

二维画面是平面上的画面，是对手工传统动画的一个改进。其要点是输入和编辑关键帧，计算和生成中间帧，定义和显示运动路径，交互式给画面上色，产生一些特技效果，实现画面与声音的同步，控制运动系列的记录，等等。可以用Java、VB 等程序设计语言来设计二维动画，但更常用的是宏媒体（Macromedia）公司出品的矢量图形编辑、动画制作的专业软件 Flash 和用于制作短小图形交换格式（GIF）动画的 GIF Animator。

2. 三维动画

三维动画又称 3D 动画，是具有空间感的立体动画。三维动画软件在计算机中首先建立一个虚拟的世界，设计师在这个虚拟的三维世界中按照要表现的对象的形状尺寸建立模型以及场景，再根据要求设定模型的运动轨迹、虚拟摄影机的运动和其他动画参数，最后按要求为模型附上特定的材质，并打上灯光，当这一切完成后就可以让计算机自动运算，生成最后的画面。常用的三维动画软件有 3dsMAX、Cool 3D、MAYA 等。

3. 虚拟现实

虚拟现实（Virtual Reality，VR），又称灵境技术、假想现实，意味着"用电子计算机合成的人工世界"，是以沉浸性、交互性和构想性为基本特征的计算机高级人机界面。它综合利用了计算机图形学、仿真技术、多媒体技术、人工智能技术、计算机网络技术、并行处理技术和多传感器技术，模拟人的视觉、听觉、触觉等感觉器官功能，使人能够沉浸在计算机生成的虚拟境界中，并能够通过语言、手势等自然的方式与之进行实时交互，创建了一种适人化的多维信息空间。使用者不仅能够通过虚拟现实系统感受到在客观物理世界中所经历的"身临其境"的逼真性，而且能够突破空间、时间以及其他客观限制，感受到真实世界中无法亲身经历的体验。生成虚拟现实需要解决以下问题：以假乱真的存在技术；相互作用；自律性现实。在虚拟现实环境中，观察者、传感器、计算机仿真系统与显示系统构成了一个相互作用的闭环流程。

二、二维动画软件 Flash

（一）基本术语及概念

了解下列基本术语和概念，可以更方便地使用 Flash。

1. 层

Flash 中的层（Layer）与 Photoshop 中的图层类似，是为了制作复杂动画而引入的解决手段。形象地说：在两块透明的玻璃上分别绘制一个图像，然后将两块玻璃重叠，只要图像不互相遮挡，你看到的将是两个图像合在一起的图像。层在 Flash 中的应用就好像这里的玻璃一样，它可以将一个大型的动画划分成很多个在各个层上的小动画，具有不同运动方式的动画对象应放置在各自独立的层上。

2. 帧

帧（Frame）是构成 Flash 作品的基本元素，对于只用一个层的 Flash 作品，帧就是此作品在各个时刻播放的内容，相当于电影胶片。在时间轴窗口中，帧是用小矩形的方格表示的，一个方格表示一帧。由于 Flash 中引入了层的概念，所以，对有多个图层的 Flash 作品来说，某一时刻播放的内容将是各个图层上这一时刻帧中内容的叠加。

时间轴面板中的帧分为两种：关键帧和普通帧。关键帧是指在这一帧的舞台中实实在在存在的一个对象。如果关键帧的舞台中是空的，那么这个关键帧就被称为空白关键帧。普通帧是指在这一帧的舞台中可以看到对象，但它是延续上一个关键帧的内容，如果上一个关键帧上的对象改变了，那么这个普通帧上的对象也随之改变。

3. 交互

交互（Interactivity）的含义：程序不只是按顺序执行，它的执行还要依赖于用户的操作，根据用户的操作来决定程序的运行，用户的操作称作事件（Event），而程序下一步的执行就称作响应（Response）。使用 Flash 软件，可以轻松制作出具有交互功能的动画。

4. Alpha 通道

Alpha 通道是决定图像中每个像素透明度的通道，它用不同的灰度值来表示图像可见度的大小。在 Flash 中，Alpha 通道的透明度可设置为 0～100%，取值为 0（纯黑）时则表示完全透明，取值为 100%（纯白）时则表示完全不透明，介于二者之间的为部分透明，因此可以轻松制作渐隐渐现的动画效果。

（二）Flash CC 的工作环境

1. 场景

Flash 动画文件具有这样的层次结构：一个 Flash 动画文件可能包含几个场景（Scene），每个场景中又包含若干层，每一层有若干帧。各场景相互独立，各表现一段特定主题的动画。Flash 利用不同的场景组织不同的动画。工作区是用户设计动画和布置场景对象的场所，工作区中间的白色矩形区域是舞台。在动画播放时，放置在工作区中灰色区域里的对象不可见，只有在舞台中的对象才可见。

2. 时间轴

时间轴（Timeline）分为左右两个区域：层控制区和时间轴控制区。层控制区与时间轴控制区一起，以帧为单位记录各个时刻动画的不同状态，设计时可以通过时间轴来安排动画的运动顺序和控制整个动画的流程。

层控制区位于时间轴的左边，是进行层显示和操作的主要区域，由层示意列和几个有关层的操作功能按钮组成。当层很多时，时间轴的右边会出现上下滚动条，用以显示所有的层，还可以调节时间轴和层的大小。

时间轴控制区位于时间轴的右边，主要由若干行与左边层示意列对应的动画轨道、轨道中的帧序列、时间标尺、信息提示栏，以及一些用于控制动画轨道显示和操作的工具按钮组成。时间轴用于组织动画各帧的内容，可以控制动画每帧每层的显示内容，还可以显示动画播放的速率等信息。

3. 工具箱

工具箱（Toolbox）提供了绘制、编制图形的工具。利用工具箱中的工具，可以在画板上绘制出动画各帧各层的内容，并对它们进行编辑和修改；也可以利用这些工具对导入的图形进行编辑操作。工具箱最下端是当前工具的一些具体选项。

4. 库

每个 Flash 文件都有一个符号库（Library），用于存放元件、位图、声音与视频文件等内容，这些符号是可重复使用的动画元素。

符号库中的各项目可通过文件夹进行组织和管理。符号库中列出了项目的名称、类型、在文件中使用的次数及最后一次改动的时间。可以按上述任意一种方式对库中项目进行分类排列，如同 Windows 资源管理器中的文件夹管理。符号库最下方的四个按钮可以实现新建元件、新建文件夹（当符号较多，需要分类管理时使用）、查看属性和删除的作用。单击符号库中的一个项目时，在符号库上部的预览区中可以预览符号的内容。

5. 元件

元件（Symbol）是在 Flash 中创建的动画元素，保存在库中，可在动画中重复使用，分为图形、按钮、影片剪辑三类。元件可以是 Flash 自己创建的矢量图形，也可以把从外部导入的 JPG、GIF、BMP 等多种 Flash 支持的图形文件转化为元件。从库面板中将元件直接拖拽到 Flash 的工作区域后，即可创建出这个元件的一个实例，此时实例继承元件的属性。图形元件由静止图像构成。按钮元件有弹起、指针经过、按下、单击四种状态，主要用于控制动画播放和制作交互效果。影片剪辑元件就是一段小动画，有独立的时间轴，不依赖于具体场景的时间轴而自动播放。

6. 面板

Flash 面板（Panel）中最常用的是属性面板，包含了一些常用的编辑功能（如设置实例的位置坐标、补间动画，设置如颜色、字体和字号等各种属性，显示各种 Flash 元素的状态等）。其他面板则承担各自的功能，如动作和行为面板主要实现动画的交互和跳转，对齐、变形和信息面板主要用于动画对象的调整，所有的面板都可以通过"窗口"菜单调出或隐藏。

（三）Flash CC 的基本操作

1. 创建动画文件和设置动画的属性

启动 Flash CC，使用者要选择"打开最近项目"，或"新建"，或"从模板创建"。如果选择"新建"下的"Flash 文档"，就将创建一个全新的动画文件。这个文件有默认的属性，要修改可单击属性面板上的表示大小的按钮（或使用"修改"→"文档"菜单命令），打开文档属性对话框，设置画布尺寸、帧频（帧/秒，FPS）、背景颜色、标尺单位等属性。

2. 预览和测试动画

制作 Flash 动画时，需要对所做的动画及其交互功能进行预览和测试。

可单击"窗口"→"工具栏"→"控制器"，打开"控制器"面板，利用"控制器"面板上的按钮来控制动画的播放；也可通过"控制"菜单预览和测试动画。如果要测试所有动画及其交互功能，选择控制"测试影片"，将生成一个 .swf 文件，并在 Flash 播放器窗口中播放。

3. 发布 Flash 动画

在完成动画制作后，需要将动画发布，以便传送到网站上，或由其他应用程序使用。可单击"文件"→"发布设置"，在"发布设置"对话框中进行设置。

设置时需要注意相应的文件格式：Flash 编辑文档的保存格式是 .fla，而Flash 动画文件的格式是 .swf。如果选择了发布为 HTML 格式，则将同时生成一个 .html 文件，可以直接放到网上。Flash 还能发布为 GIF 动画，该格式比较适合简单、小体积动画内容，不适合长时间的复杂动画。

三、Flash 动画制作技术

Flash 最主要的功能是制作矢量动画。Flash 动画主要有两种基本形式：逐帧动画和补间动画（又称渐变动画）。下面，将介绍制作各种 Flash 动画的基本过程和方法：

（一）逐帧动画

Flash 逐帧动画借用了传统的动画制作方式，在每一个连续的关键帧都设置不同的内容（可以直接用 Flash 提供的工具绘制，也可导入系列图片），各帧连续播放时就可以看到动画效果。这种通常用于复杂的动画，如人走路、奔跑、鸟儿飞翔等。

（二）补间动画

补间动画（也称渐变动画）是 Flash 软件对传统逐帧动画的发展，体现了 Flash 的优点，它只要创建动画起始状态和结束状态两个关键帧，中间的逐渐过渡效果由计算机根据首尾帧的内容和动画属性自动生成。根据动画对象的不同，补间动画分为形状补间动画（变形动画）和动作补间动画（运动动画）。

1. 形状补间动画

形状补间动画是指在两个图形对象之间的变换，通常用于制作两个图形（在 Flash 中称为"形状"）相互转换的动画效果；其变化效果是由 Flash 来控制的，在时间轴上显示为一个有绿色底纹的实线箭头。例如从圆形变成三角形，从"hello"变成"你好"。如果时间轴上出现了"虚线"，表示补间动画有问题，初始或者结束的关键帧上不是"形状"。

2. 动作补间动画

动作补间动画是指同一个对象（元件）不同状态的变化，通常用于制作对象的位移、变形、旋转、颜色渐变、透明度变化等动画效果。其变化过程是由 Flash 来控制的，在时间轴上显示为一个浅紫色底纹的实线箭头。如果时间轴上出现了"虚线"，同样表示动作补间动画有问题，初始或者结束的关键帧上不是

"同一个元件"。形状补间动画和动作补间动画的本质区别在于，前者是绘制的图形的变化，而后者是"元件"的变化。

位置移动动画的要点是用两个关键帧分别存放初末位置不同的同一元件。

比例变化动画和角度变化动画的要点是选中要调整的对象，单击菜单栏的"修改"→"变形"命令。

颜色变化动画的要点是在属性面板中的颜色属性里有一个下拉列表，其中"无"为默认值，表示不对组件的颜色进行修改；"亮度"表示调整当前组件颜色的亮度而不是改变颜色本身；"色调"是改变组件本身的颜色；"高级"是这几个参数的综合设置。

透明度变化动画是利用属性面板的颜色属性设置"Alpha"值以改变组件的透明度，影片淡入淡出效果经常要用到它，类似于颜色变化。

动作补间动画比形状补间动画使用得更广泛，同样的效果如果两者都能实现应首选动作补间动画，因为元件存储后可重复使用，动画文件小。

（三）特殊形式动画

用 Flash 还可以制作两类特殊形式的动画：曲线运动补间动画和遮罩动画。

1. 曲线运动补间动画

曲线运动补间动画可以通过两种方法实现：一种是用创建补间动画的命令；另一种是通过添加引导层实现。这种动画是动作补间动画的一种，能让对象沿着指定路径运动，这个固定路径只能是线条（可以一条或多条），也是在"引导层"中绘制出来的。"引导层"在 Flash 中有两个作用：一个作用是用于注释图层，这个图层在动画播放时不显示，只起到辅助图层的作用；另一个作用是引导对象（在被引导图层中的元件）沿着绘制的路径运动。曲线运动补间动画通常用于制作一些运动轨迹不规则的动画，如自然飘舞的雪花、水中漂浮的漂流瓶等。

2. 遮罩动画

遮罩动画是通过多个图层的配合来实现的，一个图层是"遮罩层"，其他图层是"被遮罩层"。"遮罩层"是一种特殊的层，可以把它想象成一块镂空板，镂空的形状就是层中的图形或元件。当把某一层定义为"遮罩层"时，"被遮罩层"上的图像被"遮罩层"中的元件或者图形遮住，只有"遮罩层"中填充色块下的内容是可见的，而"遮罩层"的填充色块本身则不显示。在遮罩动画中，无论是"遮罩层"还是"被遮罩层"，都可以有自己独立的动画形式，或静止或动作或形状补间动画。遮罩动画可以实现丰富的效果，如望远镜、放大镜效果等。

（四）骨骼动画

Adobe Flash CC 专业版提供了一个全新的骨骼工具，可以很便捷地把影片剪辑元件的实例或矢量图形对象连接起来，形成父子关系，以实现类似于关节骨骼的运动。

（五）控制动画播放

通常 Flash 动画都会设置一些交互性的措施，使观看者可以控制动画的播放。在 Flash 的"动作"面板上，最常见的是设置两类动作：一类是"帧动作"，即动画播放到该帧时自动引发的动作，如停止播放、跳转、停止播放声音等；另一类是"按钮动作"，即通过用户单击按钮而激发的动作，如重新播放、停止、快进、后退等。如果要制作复杂的交互效果，如 Flash 游戏，则需要掌握 Flash 内置的动作脚本语言（ActionScript）。

（六）为动画配音

为 Flash 动画配音的操作十分简单，只须将相应的音频文件导入库中，选中要插入音频的关键帧（普通帧不能作为音频起始帧），在属性面板的"声音"下拉菜单中选择该音频文件即可。添加音频后，还可以在下面的"效果"和"同步"中设置声音的具体播放次数、播放音效等。值得注意的是，为动画配音最好事先用软件将声音裁剪为合适的长度；否则当动画自动重复播放时，尚未播放完的声音会与再次播放的声音叠加而产生噪声。

第五节 视频信息处理技术

视频是一种活动景象，由一幅幅单独的画面序列组成，每一幅画面称为一帧。通常伴随视频图像的还有一个或多个音频轨道，以提供配套的声音。视频与动画的原理是一样的，都是利用人眼的视觉暂留现象，将足够多的画面连续播放以实现动态效果。帧运动速率单位是帧/秒（FPS），当达到 12FPS 以上时，人们才能看到比较连贯的视频图像；如果在 15FPS 之下，将产生明显的闪烁感，甚至停顿感；如果能够达到 20FPS，人的眼睛就觉察不出画面之间的不连续性；若提高到 50FPS，甚至 100FPS，则感觉到图像极为稳定。电影是以每秒 24 帧的速度播放的，而电视则依视频标准的不同，播放速度有 25FPS 和 30FPS 之分。

一、数字视频文件格式

视频影像文件主要有影像格式（Video Format）和流格式（Stream Video Format）两类，具体文件格式取决于视频的压缩标准。常见的视频文件主要有以下八种格式：

（一）AVI 格式

AVI 即音频、视频交错格式（Audio Video Interleaved），是将视频和音频同步组合在一起播放的文件格式。该格式是 Windows 系统中较常用的动态图像格式，可在 Windows Media Player 中直接播放。AVI 文件使用的压缩方法有多种，主要采用了英特尔公司的 Indeo。视频有损压缩技术，将视频文件和音频信息混合交错地存储在同一文件中，不需要特殊的设备就可以将声音和影像同步播放。这种视频格式的优点是图像质量好，可以跨多个平台使用，还能调整分辨率；其缺点是体积过于庞大，而且压缩标准也在演进。随着新技术的发展，基于不同压缩标准的 AVI 格式如 nAVI 格式、DV-AVI 格式不断出现。如果用户在进行 AVI 格式的视频播放时遇到了不能播放、不能调节播放进度、播放时有声音没图像等问题，可以通过下载相应的解码器来解决。

（二）MPEG 格式

MPEG 即动态图像专家组（Moving Pictures Experts Group），该专家组建于 1988 年，专门负责为 CD 建立视频和音频标准。MPEG 文件的扩展名是".mpg"或".mpeg"。MPEG 标准已成为视频、音频、数据压缩的国际标准。

MPEG 标准主要利用具有运动补偿的帧间压缩编码技术以减小时间冗余度，利用 DCT 技术以减小图像的空间冗余度，利用熵编码在信息表示方面减小统计冗余度。这几种技术的综合运用，大大增强了压缩性能。MPEG 格式文件的数据量比 AVI 格式小很多，有更高的影片质量。

MPEG 标准主要有五个：MPEG-1、MPEG-2、MPEG-4、MPEG-7 及 MPEG-21。MPEG-1 具有较低的数据传输速率（1.5Mb/s 以下）和中等分辨率（相当于家用录像机质量），被广泛用于 VCD 光盘和 MP3 中。MPEG-2 则具有相当于广播级较高分辨率的高质量图像，但同时需要有较大的数据传输速率（3～10Mbps），可以对高清晰度电视（HDTV）的信号进行压缩，数字机顶盒和 DVD 光盘均采用此标准。MPEG-4 从内容的交互性、灵活性和可扩展性方面突破，使建立个性化的视听系统成为可能。MPEG-7 并不是一种压缩编码方法，其正规的名字叫作"多媒体内容描述接口"，其目的是生成一种用来描述多媒体内容的标准。MPEG-21 的正式名称是"多媒体框架"或"数字视听框架"，它的目的是将不同标准集成起来为多媒体商务提供透明而有效的电子交易和使用环境。

（三）DAT 格式

DAT 是 Video CD（VCD）数据文件的扩展名，是基于 MPEG 压缩方法的一种文件格式，也是 VCD 光碟的视频文件，一般放在 MPEGAV 文件夹下。当计算机中安装了诸如超级解霸、暴风影音等 VCD 播放软件时，就可以播放这种格式的文件。

（四）ASF 格式

ASF 是高级流格式（Advanced Streaming Format），是微软公司 Windows Media 的核心，也是一种包含音频、视频、图像及控制命令脚本的数据格式。由于采用了 MPEG-4 压缩算法，其具有较高的影片质量和压缩率，较适合在网络上进行连续视频影像的播放。ASF 文件的优点：具有本地或网络回放功能；具有可扩充的媒体类型；具有部件下载、可伸缩的媒体类型；具有流的优先级化；具有多语言支持、环境独立性；具有丰富的流间关系与扩展性等。ASF 流文件的数据速率可以在 28.8kbps 到 3Mbps 之间变化，用户可以根据自己应用环境和网络条件选择一个合适的速率，实现视频点播和直播。

（五）WMV 格式

WMV 即 Windows Media Video，是微软公司推出的一种流媒体格式，它是在"同门"的 ASF 格式上升级延伸来的。在同等视频质量下，WMV 格式的体积非常小，因此 WMV 文件很适合在网上播放和传输。

（六）MOV 格式

MOV 即影片数字影像技术（Movie Digital Video Technology），是苹果公司开发的一种音频、视频文件格式，为其 QuickTime 视频处理软件默认的视频文件格式，具有跨平台、存储空间要求小等技术特点。它采用了有损压缩方式的 MOV 格式文件，画面效果较 AVI 格式要稍微好一些。MOV 文件格式支持 25 位彩色，支持领先的集成压缩技术，提供 150 多种视频效果，并配有提供了 200 多种 MIDI 兼容音响和设备的声音装置。它无论是在本地播放还是作为视频流格式在网上传播，都是一种优良的视频编码格式，被看作数字媒体领域事实上的工业标准。

（七）RM 格式

RM 即真实媒体（RealMedia），它的特点是文件小，但画质仍能保持相对良好，适于在线播放。用户可以使用 RealPlayer 对符合其技术规范的网络音频和视频资源进行实况转播，且可以根据不同的网络传输速率制定出不同的压缩比率，从而实现在低速率的网络上进行影像数据实时传送和播放。RM 格式的另一个特点是用户使用 RealPlayer 播放器可以在不下载音频或视频内容的条件下实现在线播放。另外，RM 作为目前主流网络视频格式，还可以通过其 RealServer 服务器将其他格式的视频转换成 RM 视频并由 RealServer 服务器负责对外发布和播放。

（八）RMVB 格式

RMVB 格式，是由 RM 格式升级延伸而来的。由于影片的静止画面和运动画面对压缩采样率的要求是不同的，如果始终保持固定的比特率，会对影片质量造成浪费。而 RMVB 则打破了原先 RM 格式那种平均压缩采样的方式，在保证平均压缩比的基础上，设定了一般为平均采样率两倍的最大采样率值。将较高的比特率用于复杂的动态画面，而在静态画面中则灵活地转为较低的采样率，合理地利用了带宽资源，使 RMVB 在牺牲少部分察觉不到的影片质量情况下最大限度地压缩了影片的大小。在保证影片整体视听效果的前提下，RMVB 的尺寸只有 300～450MB，而 DVD 却需要 700MB；而且 RMVB 的字幕为内嵌字幕，无须使用字幕外挂软件。要播放 RMVB 文件只须安装 RealPlayer 8.0 以上版本即可。

二、视频信息数字化和压缩

由于视频文件中包含了大量的图像信息和声音信息，导致存储量巨大。我们可以简单地对视频信息容量进行计算：如果用 24 位量化的 800×600 分辨率的图像按 25fps 播放，40 秒的文件容量将是 $24×800×600×25×40/8 = 1.44GB$，要播放一张 1 小时的电影碟片，则需要 129GB 的存储空间，因此在存储和使用视频信息时必须进行压缩。

（一）视频信息数字化

视频信息数字化是指在一段时间内以一定的速度对视频信号进行捕获，并加以采样后形成数字化数据的处理过程。计算机中的视频信息来源于各种模拟的视频输出设备，如电视机、录像机和摄像机等。各种设备有不同的色彩空间表示方法。最常用的视频色彩空间主要有三类：RGB 三基色空间表示，是多媒体系统输出时必然采用的表示方法；YUV 色彩空间度信号 Y，色差信号 U、V，用于逐行倒相正交平衡调幅（PAL）制式电视信号；YIQ 色彩空间——亮度信号 Y，色差信号 I、Q，用于正交平衡调幅（NTSC）制式电视信号。由于标准的 PAL 和 NTSC 制式视频信号都是模拟的，而计算机只能处理和显示数字信号，因此必须通过视频采集卡对模拟信号进行数字化处理，包括采样、量化、模数转换、色彩空间变换等过程。视频采集卡的工作方式可以是单帧采集或者连续采集。采样频率在 25 帧以上的，被认为是全动态的捕捉。

（二）视频信息压缩基本原理

对视频信息进行压缩实质就是对数据进行重新编码，大大减少文件的容量。视频压缩主要基于两个方面的原理：一是识别并去除图像序列中的冗余信息（空间冗余和时间冗余），以减少存储和传输的数据量；二是根据人类视觉心理特性和图像传递的景物特征，有选择地删除某些信息（视觉冗余）。对三类冗余成分的压缩编码方法如下。

1. 空间冗余

编码一幅视频图像相邻各点的取值往往相近或相同，具有空间相关性，这就是空间冗余度。具体地说，规则物体和规则背景的表面物理特性具有相关性，如一块颜色均匀的块，区域所有点的光强和色彩以及饱和度相近，这些相关性的光成像结果在数字化图像中就表现为数据冗余。从频域的观点看，意味着图像信号的能量主要集中在低频附近，高频信号的能量随频率的增加而迅速衰减。

空间压缩原理就是利用这种图像中相邻像素或像素块的空间相关性进行压缩。因为压缩发生在同一帧内，只针对本帧内的数据而不涉及相邻帧，空间冗余编码也称为帧内压缩或空间压缩。帧内压缩的压缩比通常只有两三倍，但因为每帧独立压缩，不存在帧间关联，便于以帧为单位进行编辑利用。

2. 时间冗余

图像序列中的两幅相邻图像，后一幅图像与前一幅图像之间有较大的相关，而相应的语音数据也存在着类似的时间相关性，这就是时间冗余度。

时间冗余的压缩原理就是在知道了一个像素点的值后，利用此像素点的值及其与后一像素点的值的差值可求出后一像素点的值。因此，它不传送图像本身，而是传送图像的运动和变化部分。MPEG 动态图像压缩技术就是采用移动补偿算法去掉时间方向上的冗余信息。由于这种压缩是发生在相邻帧之间，因此也被称为帧间压缩。帧间压缩可以获得较高的压缩比，但用于压缩内容变化较快的视频时显得连续性不足。

3. 视觉冗余

视觉冗余度是相对于人眼的视觉特性而言的。人眼对于图像的视觉特性包括对亮度信号比对色度信号敏感，对低频信号比对高频信号敏感，对静止图像比对运动图像敏感，对图像水平线条和垂直线条比对斜线敏感，以及对灰度等级分辨能力有限，等等。因此，包含在色度信号、图像高频信号和运动图像中的一些数据并不能对增加图像相对于人眼的清晰度做出贡献，故被认为是多余的，这就是视觉冗余度。视觉冗余的压缩原理就是将人眼不敏感的图像信息去除。

三、视频处理 Windows Movie Maker 的使用

（一）视频信息处理方法

视频信息的处理方法分为两类，即线性编辑和非线性编辑。

1. 线性编辑

线性编辑是电视节目的传统编辑方式，由录像机通过机械运动使磁头将 25 帧/秒的视频信号顺序记录在磁带上，在编辑时也必须顺序寻找所需要的原始视频画面。通常使用组合编辑将素材顺序编辑成新的连续画面，然后再以插入编辑的方式对某一段进行同样长度的替换。如果要插入与原画面时间不等的画面，即要删除、缩短、加长中间的某一段，只能将该段后面的片段抹去重录，而且每编一次，视频质量都会有所下降。

线性编辑的技术比较成熟、操作相对于非线性编辑来讲比较简单。但线性编辑系统的连线比较多、投资较高、故障率较高。线性编辑系统主要包括编辑录像机、编辑放像机、遥控器、字幕机、特技台、时基校正器等设备。这一系统的投资比同功能的非线性设备高，且连接用的导线，如视频线、音频线、控制线等较多，比较容易出现故障，且维修量较大。

2. 非线性编辑

非线性编辑借助计算机来进行数字化制作，不采用磁带而是用硬盘作为存储介质，记录数字化的视音频信号，以实现视音频编辑的非线性，即对素材的调用可瞬间实现，突破单一的时间顺序编辑限制，可以按各种顺序排列，具有快捷简便、随机的特性。非线性编辑只要上传一次素材就可以多次编辑，信号质量始终

不会变低，所以节省了设备、人力，提高了效率。

非线性编辑的实现，要靠软件与硬件的支持，这就是非线性编辑系统。一个非线性编辑系统从硬件上看，可由计算机、视频卡或 IEEE 1394 卡、声卡、高速视频硬盘、专用板卡与外围设备构成。为了直接处理高档数字录像机的信号，有的非线性编辑系统还带有数字分量串行接口（SDI）标准的数字接口，以充分保证数字视频的输入，输出质量。其中，视频卡用来采集和输出模拟视频，也就是承担 A/D 和 D/A 的实时转换。从软件上看，非线性编辑系统主要由非线性编辑软件（能够编辑数字视频数据的软件）及二维动画软件、三维动画软件、图像处理软件和音频处理软件等外围软件构成。非线性编辑系统将传统的电视节目后期制作系统中的切换机、数字特技、录像机、录音机、编辑机、调音台、字幕机、图形创作系统等设备集成于一台计算机内，用计算机来处理、编辑图像和声音，再将编辑好的视音频信号输出，通过录像机录制在磁带上。现在绝大多数的电视电影制作机构都采用非线性编辑系统。

（二）视频信息处理技术

视频信息的处理内容有视频的剪辑、合成、叠加、配音、转换等。常用的视频处理软件有 Ulead Video Editor、Adobe Premiere、Quick Time 等。下面介绍一种视频编辑软件：Movie Maker。

1. Windows Movie Maker 的工作环境

Windows Movie Maker 的工作环境主要由菜单栏、工作栏、收藏区、监视器、素材区和操作区构成。其中，收藏区显示了已经导入的各主题素材，素材区将某一主题的素材罗列出来供选用，通过监视器可查看素材的内容，操作区通过两种方式——情节提要视图和时间线视图来进行编辑工作。

2. 素材的导入

视频编辑首先要获取素材，素材包括视频、音频和图像等，只要是 Movie Maker 支持的文件类型，使用"文件"→"导入收藏"菜单命令，都可以直接导入收藏区。

可导入的视频文件类型：.asf、.avi、.mlv、.mp2、.mp2v、.mpe、.mpeg、.mpg、.mpv2、.wm 和 .wmv。

可导入的音频文件类型：.aif、.aifc、.aiff、.asf、.au、.mp2、.mp3、.mpa、.snd、.wav 和 .wma。

可导入的图像文件类型：.bmp、.dib、.emf、.gif、.jff、.jpe、.jpeg、.jpgpng、.tif、和 .wmf。

3. 视频的编辑与合成

视频文件导入后，Movie Maker 会根据内容（主要是场景转换情况）自动地将其切分为多个视频剪辑，每个剪辑可以独立使用。如果对已有的视频剪辑仍需要裁剪，可以将监视器上的播放头定在需要裁剪的位置，然后通过"拆分"按钮（或"剪辑"→"拆分"命令）来实现二次裁剪，拆分后的前段视频文件将保留原名，而后段剪辑将被自动命名为"原剪辑名（1）"。

要生成新的视频项目，只须将选定的视频剪辑拖拽到操作区的相应位置即可。如果要添加音频，操作区必须采用时间线视图方式。在时间线视图上，无论是视频剪辑还是音频剪辑，都可以通过拖动的方式改变其位置和播放时间。

4. 视频效果、视频过渡和片头片尾的添加

基本内容合成后，Movie Maker 还可以为影片添加特殊的视频效果，为剪辑之间的拼接设置视频过渡及制作片头和片尾，使影片更完整，也具有更好的表现。视频效果决定了视频剪辑、图片或片头在项目及最终电影中的显示方式。

在收藏区选择"视频效果"或使用"工具"，选择一种特殊效果，如"招贴画效果""灰度"等，应用效果后，剪辑缩略图左下角的星形标记会变蓝。

视频过渡控制电影如何从播放一段剪辑或一张图片过渡到播放下一段剪辑或下一张图片。过渡在一段剪辑刚结束而另一段剪辑开始播放时进行播放。在收藏区选择"视频过渡"或使用"工具"→"视频过渡"命令，可以看到 60 种特殊效果，如"锁眼形"等。应用过渡后，剪辑之间会显示过渡的形状。

片头和片尾可以是任意文本，但最好包括电影片名、制作者姓名、日期等信息。除了更改片头动画效果外，还可以更改片头或片尾的外观，以决定片头或片尾在电影中的显示方式。通过"工具"→"片头和片尾"命令，可以制作片头和片尾。

5. 视频的保存

影片制作完成后，可以通过操作区的播放按钮或"播放"→"播放时间线"

命令来查看效果。若以后仍要编辑，可使用"文件"→"保存项目"命令，将文件保存为默认的".mswmm"格式。如要保存为可直接播放的文件，则应使用"文件"→"保存电影文件"命令，在弹出的"保存电影向导"对话框中进行设置，最终得到".wmv"格式的视频文件。在视频文件生成过程中有可能不成功，有几种原因：电影文件超过 FAT32 的文件大小限制（4GB），没有足够的可用磁盘空间，保存电影文件的目的地不存在，找不到电影的源文件。

第五章　数据通信技术应用

数据通信技术是指通过各种通信介质传输数据的技术，它包括调制解调、编码解码、信号传输和网络协议等关键技术。这项技术广泛应用于互联网、移动通信、卫星通信等领域，支持数据在不同设备和网络之间高效、可靠地传输。随着5G、物联网等新技术的发展，数据通信技术不断演进，为数字经济的繁荣提供了基础支撑。同时，它也面临着带宽、延迟、安全性等技术挑战。

第一节　数据通信技术概述

一、数据通信技术基本概念

（一）通信

通信是把信息从一个地方传送到另一个地方的过程。用来实现通信过程的系统被称为通信系统。为了把信息从一个地方传送到另一个地方，通信中所采用的信息传送方式是多种多样的。然而，不论通信系统采用何种通信方式，对一个通信系统来说，它都必须具备三个基本要素：信源、信道和信宿。

（1）信源：信息产生和出现的发源地，既可以是人，也可以是计算机等设备。

（2）信道：信息传输过程中承载信息的传输介质。

（3）信宿：接收信息的目的地。

在数据通信中，计算机（或终端）设备起着信源和信宿的作用，通信线路和必要的通信转接设备构成了通信信道。

此外，信号在传输过程中必然受到外界的干扰，这种干扰称为噪声。噪声过大将影响被传送信号的真实性或正确性，所以数据通信中噪声是必须考虑的因素之一。

（二）数据通信

如果一个通信系统传输的信息是数据，则称这种通信为数据通信，实现这种通信的整个系统是数据通信系统。信息的传输不是以信息为单位进行的。系统传输的目的不是要了解所传送信息的内容，而是要准确无误地把表达信息的符号（即数据）传送到信宿中，让信宿接收。

（三）信息

一般认为信息是人们对现实世界事物存在方式或运动状态的某种认识。信息的表示形式可以是数值、文字、图形、声音、图像和动画等，也是人们要通过通信系统传递的内容。信息总是与一定的形式相联系的，这种形式实体就是数据。

（四）数据

数据是把事物的某些属性规范化后的表现形式，它能被识别，也可以被描述。例如十进制数、二进制数、字符、图像等。数据是传递信息的实体，而信息是数据的内容或解释。数据可以分为模拟数据和数字数据。

模拟数据是在一定的数值范围内可以连续取值的信号，也是一种在某区间内连续变化的电信号，如气温的变化、声音的高低。这种数据是一个连续变化的物理量，这种电信号可以按照不同频率在各种不同的介质上传输。

数字数据是一种离散的脉冲序列，它取几个不连续的物理状态来代表数字，如年份、人数的取值。最简单的离散数字是二进制数字 0 和 1，它分别由信号的两个物理状态（如低电平和高电平）来表示。利用数字信号传输的数据，在受到一定限度内的干扰后是可以恢复的。数字数据比较容易存储、处理和传输。模拟数据经过处理也能变成数字数据，这就是为什么人们要从模拟电视发展到数字电视的原因。当然，数字数据传输也有它的缺点，如系统庞大、设备复杂，所以在某些需要简化设备的情况下，模拟数据传输还会被采用。总体来说，现在大多数的数据传输都是数字数据传输。

（五）信号

信号是数据的具体物理表现，具有确定的物理描述，如将人或机器产生的信息转换为适合在通信信道上传输的电编码、电磁编码或光编码。

信号通常都是以特定的电磁波形式传输的。电磁波都有一定的频谱范围，信号所取的频谱范围称为该信号的带宽，例如声音数据，作为声波，其频率范围在 20Hz~20kHz。一般声音信号的频率范围（带宽）在 300~3400Hz，这个频率范围已完全足够使声音清楚地传播。因此电话系统的标准带宽定为 3.1kHz，电话就是按这个标准频率发送和接收音频信号的。

信号可以分为模拟信号和数字信号。模拟信号是指表示信息的信号及其振幅、频率、相位等参数随着信息连续变化，幅度必须是连续的，但在时间上可以是连续的或离散的，如电话线上传输的语音信号、电视信号等。

数字信号不仅在时间上是离散的，在幅度上也是离散的，如电报信号、计算机输入/输出的二进制信号等。

信息、数据和信号这三者是紧密相关的。在数据通信系统中，人们关注更多的是数据和信号。

（六）模拟传输和数字传输

如果信源产生的是数字数据，那么可以有以下两种传输方式：

1. 用模拟信道传输

在模拟传输方式中，数据进入信道之前要经过调制，变换为模拟的调制信号。由于调制信号的频谱较窄，因此信道的利用率较高。模拟信号在传输中会衰竭，还会受到噪声的干扰。如果用放大器将信号放大，混入的噪声也同时会被放大，这是模拟传输的缺点。信号达到信宿时要通过解调，将模拟信号重新还原为数字数据。

2. 用数字信道传输

在数据传输方式中，可以直接传输二进制数据或经过二进制编码的数据，也可以传输数字化了的模拟信号。因为数字信号只取有限离散值，在传输过程中即使受到噪声的干扰，只要没有畸变到不可识别的程度，就可以用信号再生的方法进行恢复，对某些数码的差错也可以用差错控制技术加以消除。所以数字传输在信号不失真地正确传送方面是很有优势的，这就是我们在数字电话中听到的声音更清晰的原因。同时，数字信息易于加密且保密性好。

（七）信道

数据信号需要通过某种通信线路来传输，这个传送信号的通路称为信道。信道由传输介质及相应的附属信号设备组成。信道分为物理信道和逻辑信道。

物理信道是指传输介质构成的实际通路。

逻辑信道是指通信双方通信时建立的连接通路。逻辑信道也是一种通路，但在信号的收、发点之间并不存在一条物理上的传输介质，而是在物理信道基础上，由结点内部的连接实现。

两者的概念类似于一条马路与马路上的机动车道、非机动车道和人行道的概念。显然，一条物理信道上可以有多个逻辑信道，即一条线路上可以有多个信道，如一条光纤可以供上千人通话，有上千个电话信道。

（八）信道容量

信道容量指信道的最大数据传输速率，即单位时间内可传送的最大比特数。信道的传输能力是有一定限制的，无论采用何种编码技术，传输数据的速率都不可能超过这个上限。

信道的最大传输速率和信道带宽有直接关系，即信道带宽越宽，数据传输速率越高。

（九）带宽

带宽是指频率范围的宽度，单位是赫兹（Hz）。每种信号都要占据一定的频率范围。该频率范围称为带宽，如声音的频率范围是 20~20 000Hz，彩电信号的有效带宽为 4.6MHz。信号的大部分能量往往包含在频率较窄的一段频带中，这就是有效带宽。

数据传输速率与带宽有着直接的关系。一方面，数据信号传输速率越高，其有效的带宽越宽；另一方面，传输系统的带宽越宽，该系统能传送的数据传输速率就越高。

单位时间内传输的信息量越大，信道的传输能力就越强，信道容量就越大。提高信道传输能力的方法之一，就是提高信道的带宽。

（十）信道带宽

信道上传输的是电磁波信号，某个信道能够传送电磁波的有效频率范围就是该信道的带宽。例如人耳所能感受的声波频率范围是 20~20 000Hz，低于这个范围的叫次声波，高于这个范围的叫超声波，人的听觉系统无法将次声波和超声波传递到大脑，所以用 20 000Hz 减去 20Hz 所得的值就好比是人类听觉系统的带宽。数据通信系统的信道传输的是电磁波（包括无线电波、微波、光波等），它的带宽就是所能传输电磁波的最大有效频率减去最小有效频率所得的值。信道带宽应大于信号带宽。

二、数据通信系统

（一）通信系统

数据通信系统的构成由信源、发送设备、传输通道、接收设备和信宿组成。

在数据通信系统中，信源和信宿是各种类型的计算机和终端，它们被称为数据终端设备（Date Terminal Equipment，DTE）。一个 DTE 通常既是信源，又是信宿。

所以说，数据通信系统是指以计算机为中心，用通信线路与数据终端设备连接起来执行数据通信的系统。无论现实世界中的网络多么大、多么复杂，都是这五类基本元素在工作并支持组织数据的通信活动。这个框架有助于理解当今使用的各种类型通信网络。

数据进入计算机，要通过发送设备转为适合于通过传输信道的信号波形，这一转换过程称为调制。经过调制的数据信号通过传输信道，到达另一端的终端，接收设备从调制过的数据信号中恢复出数据，这一转换过程称为解调。

（二）数据通信的基本过程

数据从发送端出发到数据被接收端接收的整个过程称为数据通信过程。每次通信又包含两个子过程，即数据传输和通信控制。通信控制是为了保证数据传输而进行的各种辅助操作。数据通信基本过程一般被分为五个阶段，每个阶段包括一组功能，可以用我们日常生活中的电话通信来比喻。

第一阶段：建立通信线路，用户将要通信的对方地址告诉通信控制处理机。这相当于用户拿起电话进行拨号。

第二阶段：若对方同意通信，建立数据传输链路，通信双方建立同步联系，双方设备处于正确的收发状态。这相当于对方电话铃响，并拿起电话。

第三阶段：传输数据及必要的通信控制信号。这类似于通话双方进行对话。

第四阶段：数据传输结束，通信双方通过控制信息确认此次通信结束。这类似于对话双方说再见。

第五阶段：通知通信控制处理机，通信结束并切断数据连接的物理通道。这相当于对话双方挂起电话。

三、数据通信的传输媒体

传输媒体又称为传输介质，是通信中实际传输信息的载体，也就是通信网络中发送方和接收方之间的物理通路，是通信网的主要组成部分。传输媒体分为有线和无线两大类。双绞线、同轴电缆和光纤是常用的有线传输媒体；无线电波通信、激光通信、红外通信、微波通信及卫星通信的信息载体，都属于无线传输媒体。

（一）有线传输媒体

1. 双绞线

双绞线是一种最简单、最经济、最常用的传输媒体。它由两根彼此绝缘的、按照规则绞合在一起的铜线组成，数据传输速率为 10~1.00Mbps。日常生活中最常见的电话线就是双绞线。双绞线可以传输模拟和数字信号，适合于短距离传输，特别是点对点通信，但线路损耗大，易受各种电信号干扰，可靠性较差，不适用于高速大容量通信。双绞线一般分为屏蔽双绞线和非屏蔽双绞线两种。

2. 同轴电缆线

同轴电缆线是用得较多的传输媒体，它由内外两个导体组成。内导体是一根芯线，外包一层屏蔽层，最外面是塑料保护层。外导体是一系列以内导体为轴的金属细丝组成的圆柱编织面，内外导体之间是绝缘层。

同轴电缆可以用于模拟信号与数字信号间的传输，支持点对点连接，也支持多点连接。同轴电缆根据带宽与用途的不同可分为基带同轴电缆和宽带同轴电缆。同轴电缆具有较高的抗干扰能力，通信容量也较大，在有线传输中占有重要地位。

3. 光纤

光纤是网络传输媒体中性能最好、应用前途最广泛的一种。

光纤是一种能够传导光线的传输媒体。光纤由内芯和包层两部分组成，它由能够传导光波的石英玻璃纤维，外加保护层构成。根据光的全反射原理，光从折射率大的介质（纤芯）射向折射率小的介质（包层）的界面时，在一定的条件下，光在界面处会全部被反射回原介质（纤芯）中。所以光波束从光导纤维一端进入芯线后，能够在芯线与包层的界面上做多次全反射而曲折前进。

一根或多根光纤组合在一起形成光缆，光缆还包括一层能吸收光线的外壳。光纤的数据传输速率可达几千 Mbps，传输距离达几十千米。光纤具有损耗低、传输速率高、传输距离远和抗电磁干扰等特点，尤其是对环境因素有很强的抵抗能力。其缺点是实现代价较高。

（二）无线传输媒体

无线传输媒体通过大气进行传输，目前有微波、激光、红外线、卫星等通信技术。

无线电通信在无线电广播和电视广播中已经得到了广泛使用，而且无线电通信现在广泛应用于电话领域，构成蜂窝式的无线电话网。便携式计算机的出现，以及在军事、野外等特殊场合下移动式通信联网的需要，促进了数字化无线移动的发展。无线局域网已投入使用，能在一幢楼内提供快速、高性能的计算机联网技术。

1. 微波

利用微波进行通信，具有容量大、质量好和传输距离远的特点，因此，它是国家通信网的一种重要通信手段，也普遍适用于各种专用通信网。微波通信的频率很高，可同时传递大量信息。例如一个带宽为 2MHz 的频段可容纳 500 条语音线路，用来传输数字信号，可达若干 Mbps。微波通信的工作频率很高。与通常的无线电波不一样，微波是沿直线传播的。由于地球曲面的影响及空间传输的损耗，利用微波进行通信，每隔50km左右就需要设置中继站，将电波放大转发而延伸。因此这种通信方式，也称为微波中继通信或微波接力通信。长距离微波通信干线可以经过几十次中继而传至数千千米，仍可保持很高的通信质量。

微波传输受环境条件的影响较大，如大气层的条件、障碍物阻挡等，都会影响微波的传播。此外，微波通信的保密性也较差。

2. 激光

激光通信与无线电通信类似，即先将声音和图像信号调制到激光束上，然后把载有声音和图像信号的激光发送出去，最后用接收装置把声音和图像信号检出来。

激光是由一种称为激光器的装置发射出来的，不同的激光器可以发出不同颜色的激光。激光具有良好的指向性，沿一定方向传播时几乎是不发散的，并在很长的距离内保持聚焦。激光具有很高的亮度，能直接在空中传输而无须通过有形的光导体。激光通信和微波通信有相似之处，都是沿直线传输。有时可用激光通信来连接不同建筑物中的局域网络，这在建筑物间要跨越公共空间时特别有用。

采用激光通信必须注意大气温度的变化对通信过程的影响。温度变化和波动常会使接收端不能正常接收信号。同时大气中的云、雨、雾、烟尘等因素，会使通信距离和通信质量受到影响。

为了克服上述缺陷，科学家研究和发展了激光的光纤通信，并取得了很大的成功。带有信号的激光沿着光纤向前传播，可以不受外界条件的干扰，使激光通信能传播很远，且能提高通信质量；同时激光的光纤通信还有容量大的优点。一根光纤可以传送几百路电话、几个频道的电视节目，而采用电缆来传送电信号，一根电缆只能传送几十路电话。

3. 红外线

红外通信是利用红外线进行的通信，已广泛应用于短距离的通信。红外线不能穿透物体，包括墙壁，因而要求收发双方彼此处在视线范围以内，此时红外线传输数据的速率可达到100Mbps，同时还可以防止窃听和相互间的串扰。红外通信要求有一定的方向性，即发送器直接指向接收器。

电视机和录像机的遥控器就是应用红外通信的例子。红外线应用于数据通信和计算机网络也越来越普遍。在一个房间内配置一套相对不聚焦的（某种程度上是多方向的）红外发射和接收器，就可方便构成红外无线局域网络。具有红外传输功能的便携机、PC、掌上电脑、手机，甚至比较高级的计算器，都可以通过红外线来进行数据传输。

以上三种技术都需要在发送方和接收方之间有一条视线（Line Of Sight）通路，有时统称这二者为视线介质。所不同的是，红外通信和激光通信把要传输的信号分别转换为红外光信号和激光信号，直接在空间传播。

4. 卫星

卫星通信是指利用人造地球卫星作为空中微波中继站，多个地球站之间的通信。卫星通信是一种特殊的微波通信，它使用地球同步卫星作为中继站来转发微波信号，可以为全球提供远距离的电视广播、移动通信服务，而且可以提供数字广播和定点式数字通信。利用卫星通信网可以实现更大范围的网络互联，具有覆盖地域广、传输距离长、传输质量好、通信速率快等特点。因此，卫星通信通常在覆盖面积广、规模大的互联网主干网的环境中使用。

现在人们已经不满足于可搬动的小型卫星通信地面站或能便携的卫星通信用户机状态，希望能够用手持机实现任何一个人（Whoever）在任何时间（Whenever）、任何地点（Wherever），都能与世界上其他任何人（Whomever）进行任何方式（Whatever）的通信，这就是所谓的全球个人通信标志（5W）。第五个"W"（Whatever）是指可以支持语音、数据和图像等多种业务通信。

四、数据通信的接口和标准

在数据通信中通信设备之间的连接称为接口。为了使各种通信设备的连接具有通用性，接口的设计必须遵循一定的标准。接口所扮演的角色可以视为"中间人"。其提供了以下三项转换功能。

（1）电气特性的转换：针对信号的电平设定。

（2）机械特性的转换：对接插件和插针的功能定义。

（3）数据的转换：将数据做适当的格式转换。

（一）RS-232 接口

RS-232C 是由美国电子工业协会（EIA）在 1969 年颁布的一种目前使用最

广泛的串行物理接口。

计算机终端实际上是数据的信源或信宿，而通信转换设备（DCE）则完成数据由信源到信宿的传输任务。RS-232C 标准接口只控制 DTE 与 DCE 之间的通信，与连接在两个 DCE 之间的电话网没有直接的关系。

RS-232 标准规定其接口的连线为一条 25 线的电缆，电缆与设备的接口是一个 25 针的连接器。各条连接线在设备通信的建立中起着不同的作用。RS-232C 的功能特性定义了 25 芯标准连接器中的 20 根信号线，剩下的 5 根线做备用或未定义。

RS-232 接口还有一种 9 针的连接器，这种类型的连接器省略了一些不常用的连线。目前，台式 PC 中都配置有这种 9 针的 RS-232 连接器，RS-232 标准的优点是实现简单，其缺点为带宽较窄，传输距离较近，一般用于十几米的距离内，最高传输速率为 100kbps。

（二）RS-449 接口

RS-449 被设计用来取代 RS-232 标准，以提高带宽和增大距离。两者的不同之处在于，RS-449 属于平衡型接口，而且控制线数目较多，因此，接插件插针同时使用 37 针和 9 针这两种形式组合。另外，它的噪声免疫力也比 RS-232 好。

RS-449 定义了一个 37 针的连接，在使用平衡信号时，传输距离在十几米内，传输速率为 10Mbps；而使用不平衡信号时，在十几米距离内，其传输速率为 100kbps。传输速率和传输距离是成反比的。

RS-449 标准的优点是便于高速、远距离传送。其缺点是实现相对比较困难，适用于传输速率要求较高的场合，如数字摄像机和主机之间的连接。

（三）USB 接口

USB 接口是通用串行总线接口的简称，也是一种较新的标准接口。其规格是由英特尔（Intel）、国际商业机器公司（IBM）、微软等公司联合制定的，被设计用来取代串口和 PS/2 接口。使用该标准接口，可以使计算机周边设备连接标准化、单一化。

USB 标准是一种新型的接口标准：优点是传输速率高，具有广泛的通用性，应用范围十分广泛；缺点是传输的距离有限。

（四）IEEE 1394 接口

IEEE 1394 是一个高速、实时串行标准，又称为"高速串行总线"，现在已成为一个国际标准。它支持点对点的连接，最多允许 63 个相同速度的设备连接到同一总线上，各连接结点上的设备可以不通过主机而直接进行通信。IEEE 1394 的传输速率相当快，目前近距离（4.5m）最大传输速率可达 3.2Gbps，远距离（50m 内）最大传输速率也能达到 400Mbps，同时它也支持即插即用。

和 USB 接口相比，IEEE 1394 的应用还没有普及，因为在大多数情况下需要外接控制芯片，所以实现成本相对较高。对于数码摄录像机等一类要求容量大、精度高的传输设备，IEEE 1394 以其超快的传输速率成为主要的选择。

五、常用通信网络

数据传输信道是实现数据传输的基础，也是数据通信网和数据通信系统的重要组成部分。

（一）电话网络

公共交换电话网（PSTN）是将若干电话终端由通信线路与中心交换机按某种形式连接的通信网络。电话网具有覆盖面广、结构设计简单、使用简便等优点。电话网进行数据通信有两种形式：一是直接通过公用电话交换网，在两地用户之间实现数据的传输；二是利用电话网向用户提供固定持续的传输电路。电话网可以直接用来开放数据传输业务。在未出现公用数据网以前，大量的数据业务均集中在电话网中，电话网的传输质量与服务质量对数据通信的发展影响甚大。

（二）蜂窝电话系统

蜂窝电话系统，即移动通信，是为在两个移动设备之间或一个移动单元和固定（地面）单元之间建立稳定的通信连接而设计的。由于其具有移动性、自由性，以及不受时间、地点限制等特性。在现代通信领域，它是与卫星通信、光通信并列的重要通信手段。

现代的移动电话系统都采用蜂窝结构。蜂窝结构大大地增加了系统的容量，在概念上解决了无线频率拥挤的问题。

所谓蜂窝电话系统，是指将一个大区覆盖的范围划分为若干小区。一个移动电话局（MTSO）同一台计算机控制每个小区，与用户的移动电话建立通信，许多小区就可覆盖整个服务区，并通过在不同的小区使用相同的频率，使整个系统的容量增加。由于这种单元格的划分类似于蜂窝的形状（六边形），多个小区相邻排列就像蜂窝的结构，故称为蜂窝电话系统。

移动电话接收电话时，由于每个移动电话都有一个唯一的标识号码，当某个移动电话被呼叫时，MTSO 向控制下的所有单元站点传送它的标识号码，接着每个站点广播该号码，由于移动电话总是不断地监听广播，所以它将听到自己的 ID 广播，并做出响应。站点收到回答后，把回答传给 MTSO，由 MTSO 完成整个连接。

（三）卫星通信系统

卫星通信系统由卫星和地球站两部分组成。卫星在控制系统中起中继站的作用，即把一个地球站发上来的电磁波放大后再返送回另一个地球站。卫星的接收和发送能力由卫星上的一个工作在 G 赫兹范围内的中继装置转发器提供，这个中继装置被称为转发器。一颗卫星上往往设有多个转发器以增强其传输能力。地球站则是卫星系统与地面公众网的接口，地面用户通过地球站出入卫星系统形成链路。由于静止卫星在赤道上空距地面 36 000km 处，它绕地球一周时间恰好与地球自转一周（23 小时 56 分 4 秒）一致，从地面看上去如同静止不动一样，故称为地球同步卫星。只要 3 颗相隔 120° 的同步卫星就能覆盖整个赤道圆周。

使用卫星通信很容易实现越洋和洲际的全球通信。适合卫星通信的频率范围一般为微波频段，即 1~10GHz 频段。随着应用的需求和深入，也开始使用一些新的频段，如 12GHz、14GHz、20GHz 及 30GHz 频段等。卫星通信系统的优缺点如下。

（1）优点：通信范围大，只要在卫星发射的波束覆盖的范围均可进行通信，覆盖面广；受自然灾害的影响不大；传输容量大；可以方便地实现广播和多址通信。

（2）缺点：由于两个地球站间电磁波传播距离超过 72 000km，信号到达有延迟；10GHz 以上频段易受雨雪的影响，空间传播损耗比较大；天线易受太阳噪声和地面其他天线信号的影响，保密性差。

（四）综合业务数字网络

电话系统在很大程度上依赖于模拟信号进行通信，但是随着数字通信的不断发展，电话系统已无法满足各种业务的需要，于是综合业务数字网络（Integrated Services Digital Network，ISDN）应运而生。ISDN 是以电话综合数字网（IDN）为基础发展起来的通信网络，它以公共交换电话网作为通信网络，即利用电话线进行数据传输。它提供端到端的数字连接，允许在一个单独的系统中同时传送声音、数据、传真、视频等信号。

ISDN 提供了 3 条独立的信道：2 条 64kbps 的 B 信道和 1 条 16kbps 的 D 信道，一般称之为 2B+D。B 信道传输纯数据，D 信道则用于控制和一些低速应用，如遥感（远程读表）或警报系统等。这三条信道一般采用时分多路复用技术进行传输。它的基本特性是在各用户之间实现以 16kbps 和 64kbps 速率为基础的端到端的透明传输。

由于 ISDN 完全采用数字信道，因而能获得较高的带宽、较好的通信质量。同时，用户在使用电话线路进行拨号上网时，不影响正常的电话使用。ISDN 为新的通信业务提供了可扩展性。

ISDN 分为窄带 ISDN 和宽带 B-ISDN 两种，前者提供 56kbps～2Mbps 的低速服务，后者运用了 ATM 技术，可以提供 2～600Mbps 的高速连接。

（五）Coble Modem 和 ADSL

1. Cable Modem

电缆调制解调器（Cable Modem）是利用有线电视网进行数据传输的宽带接入技术。Cable Modem 与普通的电话调制解调器原理大致相同，都是将数据进行调制后在电缆的一个频率范围内传输，接收时再进行调解。Cable Modem 除了提供视频信号业务外，还能提供语音、数据等宽带多媒体信息业务。Cable Modem 的速率有两种：对称的和不对称的。前者的速率为 500kbps～2Mbps；后者的下行速率高于上行速率，下行速率范围为 2kbps～40Mbps，上行速率范围为 500kbps～20Mbps。

Cable Modem 采用分层树形结构，是一个较粗糙的总线形网络，当线路上用户激增时，其速度将会减慢。此外，它必须兼顾现有的有线电视节目，而占用大部分带宽，其速率会受到影响。

2. ADSL

非对称数字用户线（Asymmetric Digital Subscriber Line，ADSL）是 DSL 的一种非对称版本，也是一种调制技术。它能在电话线上传输高带宽数据及多媒体和视频信息，并且允许数据和话音在一根电话线上同时传输。ADSL 技术提供的数据传输速率是不对称的，下行速率为 1.5～9Mbps，上行速率为 16kbps～1Mbps。

ADSL 中的"非对称"概念是指在电缆中发送（上行信号）和接收（下行信号）的速率是不同的。一般在互联网浏览、视频点播时，上行信号速率要小于下行信号速率，两者之间具有"不对称"特征。

除速率外，ADSL 更为吸引人的地方在于：它在同一铜线上分别传送数据和语音信号，数据信号并不通过电话交换机设备，减轻了电话交换机的负载，且不需要拨号，一直在线，属于专线上网方式。这意味着使用 ADSL 上网并不需要缴付另外的电话费。

第二节　数据传输

一、数据传输类型

（一）基带传输

直接使用数字信号传输数据时，数字信号几乎要占用整个频带，终端设备把数字信号转换成脉冲电信号（脉冲方波）时，这个原始的电信号所固有的频带，称为基本频带，简称基带。在信道中直接传送基带信号，称为基带传输。例如从计算机到监视器、打印机等外设的信号就是基带传输的。大多数的局域网使用基带传输，如以太网、令牌环网等。

在基带传输中，数字信号通过直流脉冲发送，独占通信线路的容量，因此，基带传输一次仅能传输一个信号并占用一个信道，并随传输的距离增大而迅速衰减，如果要增加传输距离，可以使用中继器再生和放大信号。采用基带传输的一个比较典型和常见的例子是以太网。使用基带传输时，数字数据由许多不同形式的电信号的波形来表示。表示二进制数字的码元的形式不同，产生出的编码方案也不同。

数据编码是实现数据通信的最基本的一项重要工作，除了用模拟信号传送模拟数据不需要编码外，数字数据在数字信道上传送须进行数字信号编码，数字数据在模拟信道上传送须调制编码，模拟数据在数字信道上传送也需要进行编码。

编码的方法主要有非归零编码、曼彻斯特编码和差分曼彻斯特编码等。其中，两种曼彻斯特编码都得到了广泛应用。采用不同的编码方法，可以提高数据传输的效率，也可以提高数据传输的容错性。

（二）频带传输

基带传输一般只适用于传输距离不太远的情形，对于远距离数据传输，则需要采用频带传输。频带传输指的是选取某一频率范围的模拟信号作为载波，采用某种方法加载要传送的数字信号，再通过模拟通信信道传输的方式。在频带传输过程中，先将二进制形式的数字信号进行调制，转换成能在模拟信道（如电话线路或其他传输线路）传输的模拟信号传输出去，再在接收端经过解调将模拟信号还原成数字信号。

大部分远距离通信线路都要求信号以频带传输的方式传输。其优点是可以充分地利用信道的容量，而且载波信号在传输中衰减较慢，因而可以传输比较远的距离。

调制就是用基带脉冲对载波波形的某些参量进行控制，使这些参量随基带脉冲变化。经过调制的信号称为已调信号。已调信号通过线路传输到接收端，在接收端通过解调恢复为原始基带脉冲。

任何载波信号都有三个特征：振幅（A）、频率（F）和相位（P）。相应的，把数字信号转换成模拟信号就有三种基本技术：幅度调制（ASK）、频率调制

（FSK）和相位调制（PSK）。在数据通信中，幅度调制、频率调制和相位调制常相应地被称为移幅键控法、移频键控法和移相键控法。

1. 调制技术

利用调制技术可以把数字数据变换成模拟信号。在调制技术中需要用到载波。载波的初始状态是高频等幅的正弦波，调制技术是用数字数据调节载波的特性，使它成为运载数据的信号。

（1）幅度调制

幅度调制（Amplitude Shift Keying，ASK）就是利用数字数据调节载波的幅度。在幅度调制中，幅度是随发送的数字信号而变化的变量，而频率和相位是常数。

（2）频率调制

频率调制（Frequency Shift Keying，FSK）就是利用数字数据调节载波的频率，在频率调制中，频率是随发送的数字信号而变化的变量，而幅度和相位是常数。

（3）相位调制

相位调制（Frequency Shift Keying，FSK）利用数字数据调节载波的相位。

在相位调制中，相位是随发送的数字信号而变化的变量，而幅度和频率是常数）

2. 调制技术的特点

在幅度调制方式中，信号的幅度易受突发干扰的影响，通常只用于较低的数据速率，在传输声音的话频线路中，传输的典型速率只能达到1200bps。调频的抗干扰能力优于调幅，但频带利用率不高，也只在传输较低速率的数字信号时得到广泛应用。利用调频方式可实现在一条话频线路中进行全双工的数据通信，方式是将两个方向的信号调制到不同的频段。调相占用频带较窄，抗干扰性能好，可以达到更高的数据速率。在话频线路中，调相的数据速率可以达到9600bps。另外，还可以将各种调制方式适当地组合使用，最常用的有调相和调幅的结合。

（三）宽带传输

宽带是指比音频带宽更宽的频带，它包括大部分电磁波频谱。利用宽带进行的传输称为宽带传输。在使用时通常将宽带的频带划分为若干子频带，分别用这些子频带来传送音频、视频及数字信号。因此，可利用宽带传输系统在一个物理信道上实现多媒体信息的传输。

在局域网中，传输方式分为基带传输和宽带传输。它们的区别在于：基带传输的信号主要是数字信号，宽带传输的是模拟信号；基带传输的数据传输速率是 $0\sim10$Mbps，其典型的数据传输速率为 $1\sim2.5$Mbps，宽带传输的数据传输速率范围为 $0\sim400$Mbps，通常使用的传输速率是 $5\sim10$Mbps。一个宽带信道还可以被划分为多个逻辑基带信道。宽带传输能把声音、图像和数据等信息综合到一个物理信道上进行传输。宽带传输采用的是频带传输技术，但频带传输不一定是宽带传输。

（四）调制解调器

调制解调器是同时具有调制和解调两种功能的设备，也是一种信号转换设备。

一条电话信道的带宽是 $300\sim3400$Hz，远小于数字信号的传输带宽，因此利用电话线进行数据通信，就必须把数字信号转变成音频范围内的模拟信号，通过电话线传递到接收端，再变回数字信号，这两个转换的过程分别称为"调制"和"解调"。

（1）调制：把数字信号的"0"和"1"用某种载波（正弦波）的变化表示。

（2）解调：将被调制的信号从载波上取出，并还原成数字信号。

1. 调制解调器工作原理分解

一台计算机 A 要与另一台计算机 B 通信，A 首先要拨通 B 的电话号码，建立一条通过中心电话交换机的通信链路。在建立链路的同时，A 作为呼叫方与被呼叫方 B 的两台调制解调器建立一种呼叫、被呼叫关系。A 向 B 发送信号使用 1070Hz（对应数字 0）和 1270Hz（对应数字 1），使用信道 1；而 B 向 A 确认接收则使用 2025Hz（对应数字 0）和 2225Hz（对应数字 1），使用信道 2。A、B 两机以各自的调制解调器和两条信道交换信息，交换完毕后，A 提出拆除链路请求，B 应答后链路断开，通信结束。

2. 调制解调器的分类

调制解调器可以按不同的方式进行分类，常见的分类方式如下：

（1）按连接方式分类

①内置式：与声卡、显卡一样，安装在计算机主板扩展槽上，其特点是要占用一定的 CPU 资源，但价格相对低廉。

②外置式：通过 RS-232 串口线或 USB 接口与计算机的串行口连接，不占用 CPU 资源，安装和移动十分方便，但价格相对较贵。

③无线式：不需要物理上直接和计算机连接，而是通过无线电方式，安装使用最方便，但价格较贵。

（2）按功能分类

①数据调制解调：专门用于数据传输的调制解调器。

②传真/调制解调器（Fax/Modem）：用于数据传输，又兼具有传真功能的调制解调器。

③传真/语音/调制解调器（Fax/Voice/Modem）：同时具有传真、语音和数据传输功能的调制解调器。

（3）按使用的通信线路分类

①调制解调器：一般用于公用电话网，其传输速率可达 56kbps。

②电缆调制解调器（Cable Modem）：利用有线电视网作为接入网，具有双向通信能力，克服了传统的有线电视网只能单向传输的局限。从传输方式上可分为对称式传输（速率为 2~4Mbps，最高能达到 10Mbps）、非对称式传输（下行速率为 30Mbps，上行速率为 500kbps~2.56Mbps）。

非对称数字用户线路调制解调器（ADSL Modem）：利用数字编码技术从现有铜质电话线上获取最大数据传输容量，同时又不干扰在同一条线上进行的常规话音服务。ADSL 能够向终端用户提供 7Mbps 的下行传输速率和 1Mbps 的上行传输速率，比传统的 56kbps 模拟调制解调器快将近 100 倍。这也是传输速率达 128kbps 的 ISDN 所无法比拟的。它最初主要是针对视频点播业务开发的，随着技术的发展，已成为一种较方便的宽带接入方式。

二、数据传输模式和差错校验

（一）数据通信的传输模式

数据通信的传输模式就是描述数据流从一地传送到另一地的传输方式。

1. 串行传输和并行传输

在数据通信中，按每次传送的数据位数，通信方式可分为串行传输和并行传输。

（1）串行传输

串行传输是指使用一条线路，逐个地传送所有的数据位。由于每次只能发送一个数据位，所以传输速率相对较慢。但它只需一条传输信道，具有经济实用、易于实现的优点，适用于较长距离连接中较可靠地传输数据。在网络中（如公用电话系统）普遍采用串行传输方式。

（2）并行传输

并行传输一次同时传送 8 位二进制数据，从发送端到接收端需要 8 根传输线，这些线路通常被捆扎在一条电缆里，并行传输一般适用于两个短距离的设备之间，如计算机并行口到打印机的连接或者在计算机内部的数据传输等。这种方式的优点是传输速率快，处理简单。

2. 异步传输与同步传输

（1）异步传输

所谓异步传输，是指发送方和接收方之间不需要严格的定时关系。也就是说，发送者可以在任何时候发送数据，只要被发送的数据已经处于可以发送的状态。接收者则只要数据到达，就可以接收数据。

在这种传输方式中，传送的数据为每次一个字符，传送时在每一个字符之前加上 1 位起始位（1），字符后加 1 位校验位和 1~2 位的停止位（1）。接收方在每个新字符开始时抓住再同步的机会，因此也称为起止式同步。所以这种传输方式不需要线路两端有统一的时钟信号，使用较方便，适用于数据传输速率要求不高的设备，如字符终端输入设备；或不是经常有大量数据传送的设备，如 PC 的 RS-232 口就采用异步传输方式。

（2）同步传输

与异步传输相反，同步传输则要求发送和接收数据的双方有严格的定时关系。同步传输是一个发送者和接收者之间互相制约、互相通信的过程。

同步传输不是独立地发送每个字符，而是把它们组合起来一起发送。这些组合称为数据帧，或简称为帧。即在一块数据的前面加入一个以上的同步字符 SYN。SYN 字符是从 ASCⅡ码中精选出来供通信用的同步控制字符。同步字符后面的数据字符不需要任何附加位，同步字符表示字符传送的开始，发送端和接收端应先约定同步字符的个数。同步方式是一种传输速率较高的通信方式，它可以成块地传输数据和字符。

计算机网络中的传输既包括异步传输，也包括同步传输。

3. 单工、双工和全双工传输

数据从一台设备传输到另一台设备，它们在发送方和接收方之间有明确的方向性。按数据信息的传送方向，数据传输方式可分为单工、半双工和全双工通信。

（1）单工通信

单工通信是指传送的数据始终是一个方向的，而不能进行与此相反方向的传送，好像单行线一样，如无线电广播、传呼机、打印机、电视机等。

（2）半双工通信

半双工通信是指可以双向传送，但同一时刻一个信道只允许单方向传送，即发送和接收数据必须轮流进行，如对讲机。

（3）全双工通信

全双工通信是指能够同时进行两个方向的通信，即有两个信道，可以同时向两个方向传送信息，如移动电话、大多数的计算机终端等。全双工通信效率高，控制简单，但通信技术复杂，必须确保信息能被正确而有序地接收，并允许设备能够有效地进行通信。

（二）差错校验与校正

数据在传输过程中，会受到来自信道内外的干扰与噪声，从而产生差错。这在数据传输过程中是常见的现象。数据传输的差错都是由噪声引起的。

噪声有两大类：热噪声和冲击噪声。热噪声是通信信道上固有的、持续存在的噪声。这种噪声具有不固定性，所以也称为随机噪声。冲击噪声是由外界某种原因突发产生的，如大气中的闪电、电源开关的跳火、自然界磁场的变化及电源的波动等外界因素等。

噪声会造成传输中的数据信号失真，产生差错，所以要求通信系统必须具有差错校验与校正功能。差错控制的作用是在传输数据出现差错之后，使用某些手段来发现差错，且加以纠正。可以通过对传送的信息或数据进行抗干扰编码来实现，即在信息上附加按一定关系产生的冗余位，然后把数据和冗余一起发到通信线路上，接收者收到数据后，再检查数据位和冗余之间的关系是否正确，从而发现差错和自动纠错。

1. 奇偶校验码

奇偶校验也称垂直冗余校验，它是以字符为单位的校验方法。一个字符由 8 位组成，其中后 7 位为信息字符的 ASCII 代码，前一位为校验位。若校验位用于使字符代码中的 "1" 的个数为奇数，则称为 "奇校验"；反之，称为 "偶校验"。这种校验容易实现，但只能查错而不能纠错。

例如如果一个字符的 7 位代码为 1 001 101，若采用奇校验编码，由于这个字符的 7 位代码中有偶数个，所以检验位的值应为 "1"。在传输中，当接收端接收到的字符，经检测其 8 位代码 "1" 的个数为 "奇个数" 时，则被认为传输正确；否则，就被认为传输中出现差错。然而，一旦出现有偶数个位在传输中出现差错，用此方法就检测不出来了。例如 10 011 011 经传输到接收端变 10 000 011。经检测，由于其 8 位代码中 "1" 的个数是奇数，虽然传输出现差错，但检测还是被通过。

2. 方块校验

方块校验又称水平冗余校验。这种方法是在奇偶校验的基础上，在一批字符传送之后，另外增加一个方块校验字符。该字符的编码方式是使所传输的这批字符代码的每一纵向位代码中 "1" 的个数成为奇数或偶数。方块校验具有更强的检错能力。

3. 循环冗余校验

循环冗余校验简称循环码校验，是一种更为复杂的校验方法，也是一种在计算机网络和数据通信中用得最广泛的校验码。循环冗余校验是在发送端对每个信息码根据一定规则产生一个循环冗余校验码，将这个校验码与信息码一同发送到接收端。接收端根据预先确定的规则，通过检测校验码可以确定进行的传输是否正确。

4. 差错控制机制

实用的差错控制方法，既要传输可靠性高，又要信道利用率高。为此，可使发送方将要发送的数据帧附加一定的冗余检错码一并发送，接收方则根据检错码对数据帧进行差错检测，若发现错误，就返回请求重发的应答，发送方收到请求重发的应答后，便重新传送该数据帧。这种差错控制方法称为自动反馈重发（Automatic Repeat-reQuest，ARQ）。

ARQ 法仅须返回少量控制信息，便可有效地确认所发数据帧是否正确被接收。ARQ 法主要有以下两种解决方案。

（1）停止等待方式

停止等待方式规定发送方每发送一帧后就要停下来等待接收方的确认返回，仅当接收方确认正确接收后再继续发送下一帧；否则，重新发送传输错误的帧。该方式简单明了，最大优点是结点所需的缓冲存储空间最小，因此在链路端使用简单终端的环境中被广泛采用，但传输效率较低。

其实现过程如下。

①发送方每次仅将当前数据帧作为待确认帧保留在缓冲存储器中。

②当发送方开始发送数据帧时，随即启动计时器。

③当接收方收到无差错数据帧后，即向发送方返回一个确认帧。

④当接收方检测到一个含有差错的数据帧时，便舍弃该帧。

⑤若发送方在规定时间内收到确认帧，即将计时器清零，继而开始下一帧的发送。

⑥若发送方在规定时间内未收到确认帧（计时器超时），则应重发存于缓冲器中的待确认数据帧。

（2）连续工作方式

连续工作方式规定，发送方可以连续发送一系列数据帧，即不用等前一帧被确认便可发送下一帧。这就需要在发送方设置一个较大的缓冲存储空间（称为重发表），用以存放若干待确认的数据帧。当发送方收到对某数据帧的确认帧后便可从重发表中将该数据帧删除，所以，该方式的链路传输效率大大提高，但相应需要更大的缓冲存储空间。

其实现过程如下：

①发送方连续发送数据帧而不必等待确认帧的返回。

②发送方在重发表中保存所发送的每个帧的备份。

③重发表按先进先出队列规则操作。

④接收方对每一个正确收到的数据帧返回一个确认帧。

⑤每一个确认帧包含一个唯一的序号，随相应的确认帧返回。

⑥接收方保存一个接收次序表，它包含最后正确收到的数据帧的序号。

⑦当发送方收到相应数据帧的确认后，从重发表中删除该数据帧的备份。

⑧当发送方检测出失序的确认帧（第 N 号数据帧和第 N+2 号数据帧的确认帧已返回，而 N+1 号的确认帧未返回）后，便重发未被确认的数据帧。

上面的连续反馈重发（RQ）过程是假定在不发生传输差错的情况下描述的，如果差错出现，如何进一步处理还可以有两种策略，即回退帧策略和选择重发策略。

第三节　数据多路复用与交换技术的应用

一、数据多路复用技术

所谓的多路复用技术是指将多路信号在单一的传输线路上同时传输。采用多路复用技术的好处在于减少长距离通信时的线路开支，降低单路信号通信时的线路带宽的浪费。同时，长距离数据传输还存在数据交换的环节，即数据如何通过各种交换系统，并最终到达目的地的数据交换技术。

数据多路复用技术包括频分多路复用、时分多路复用和码分多路复用三种。

（一）频分多路复用

所谓频分多路复用，就是利用传输介质的宽频带特性，传输许多路较窄频带的信号，每一路信号的中心频率都不同，且在频率坐标上都相隔一定的距离，所以不会互相干扰。即把具有一定带宽的线路划分为若干不重叠的小频段，每个小频段可作为一个子信道供一个用户使用。这就像高速公路上有许多车道，各车道上跑的车互不干扰一样，又像我们收听的电台广播（AM 中的 990kHz、790kHz，FM 中的 101.7kHz、103.7kHz）。利用多路独立的载波频率去调剂多路输入信号，然后把这些不同频率的载波调制信号通过数据选择器（MUX）合成为一路信号，经线路传输，在接收端再利用数据选择器把不同频率的载波调制信号分隔开来，最后通过解调将所传输的数字信号复原。

有线电视（CATV）就是一个典型的例子，一根 CATV 电缆的带宽大约是 500MHz，可传送 80 个频道的电视节目，每个频道 6MHz 的带宽中又进一步划分为声音子通道、视频子通道及彩色子通道。每个频道两边都留有一定的警戒频带，防止相互串扰。多个频道的电视信号使用不同频率的载波进行调制，然后合成一路信号，通过有线电缆进行传输。电视机通过分离单个频率的载波调制信号，从而可以接收不同频道的电视信号。

（二）时分多路复用

时分多路复用实际上是多台设备分时占用传输线路，分配给每一个设备的是一个很短的时间间隔，以保证尽量"公平"地轮流服务，就像公路上不同运输公司的货柜车有前有后在分时使用公路一样。这样每一路要传的数据都分成一小块，到目的地后再拼接还原。

应该指出，时分多路复用不但可用于传输数字信号，也可以同时交叉传输模拟信号。就模拟信号而言，可以将频分多路复用技术和时分多路复用技术结合使用。一个传输系统的信道可以分为多条子信道，每条子信道再采用时分技术细分，以提高系统的传输速率。

（三）码分多路复用

码分多路复用（CDMA）主要用于移动电话通信，其运作方式不同于一般的移动电话，是全新的无线通信方式。

CDMA 的实现利用了展频技术。所谓展频，就是将所要传递的信息加入一组特定信号后，使原数据信号带宽被扩展，可以在一个比原来信号带宽大得多的宽带上传输。当接收到信号后，再将此组特定信号还原成原来的信号。采用展频技术，可以达到很好的隐秘性和安全性。

CDMA 系统有许多优点。例如，功率需求小；通话不易中断；通信质量好，使用 CDMA 的移动电话可以达到几乎接近一般有线电话的音质；系统容量大，是全球移动通信系统（GSM）的 4~5 倍。

二、数据交换技术

经编码后的数据在通信双方进行传输的最简单形式是，在两个互联的设备之间直接建立传输信道，并进行数据传输。然而，在大范围的通信环境中直接连接两个设备往往是不现实的。实际上在点对点的通信系统中，需要通过设有中间结点的网络把数据从信源发送到信宿。这些中间结点并不关心数据内容，而是作为一个交换设备，把数据从一个结点传递到另一个结点，直至数据到达目的地为止。数据从信源到信宿的传递路径被称为通信链路。通常将信源和信宿收发信号的设备称为端点，而将提供交换服务的设备称为结点，传输介质使这些结点相互连接起来形成一个网，每个端点都连接到网络的某个结点上。如果端点系统设备是计算机和终端的话，那么结点集加上端点集就构成了计算机网络。

把数据从一个结点传送到另一个结点，直至达到其目的站，通常使用线路交换、报文交换和分组交换三种技术。

（一）线路交换

线路交换是计算机通信最早采用的交换方式，也是指通过网络中的结点在两个站点之间建立一条专用的通信线路，通信双方自始至终占有该条线路。电话系统就是典型的线路交换。其通信过程可以分为线路建立、数据传输、线路拆除三个阶段。

1. 线路建立

在开始传送数据之前，必须建立一条点到点（端到端）的线路。假设设备 A 要求与设备 B 通信，设备 A 向交换结点 1 发出请求，交换结点 1 在通向目的站的路由表中找出下一条路由，然后连接请求传到下一个结点，这样通过各个中间交换结点的连接，使设备 A 和设备 B 之间建立一条实际的物理连接。

2. 数据传输

建立连接链路后，设备 A 和设备 B 就可以通过这条专用的线路来传输数据，数据既可以是模拟的也可以是数字的，通常采用全双工方式传输。在整个数据传输过程中，所建立的电路必须始终保持连接状态。

3. 线路拆除

数据传输结束后，就要终止连接，以拆除该连接所占用的专用资源。通常是由两个设备中的一个来完成这一动作的。

线路交换的优点是数据传输可靠、迅速，数据不会丢失且保持原来的序列；缺点是在某些情况下，线路空闲时的信道容量被浪费，建立线路有一定的时延。线路交换适用于电话通信系统，但不适用于计算机网络数据通信系统。

（二）报文交换

报文交换方式的数据传输单位是报文，报文就是站点一次性要发送的数据块，其长度不限且可变。报文交换不必在两个站间建立一条实际的物理专用通道。一个站点想发送一份报文，则在报文上附上一个终点地址，然后使报文以从结点到结点的方式通过网络。在每个结点处，接收整个报文并检查无误后，经短暂存储，然后根据报文的目的地址选择一条合适的空闲线路将报文再传输到下一个站点。因此，端与端之间无须先通过呼叫建立连接。如果该报文需要经过多个交换设备，则所有经过的交换设备都要进行相应的存储转发过程，直到报文最终到达目的地。

报文交换能在网络上实现报文的差错控制和纠错处理，其线路利用率高，信道可以被多个报文共享，一个报文可发送到多个目的地。其缺点是在交换结点中需要缓冲存储，报文需要排队，所以实时性不好，不适用于实时通信和交互通信。有时结点收到过多的数据而无空间存储或不能及时转发时，就不得不丢弃报文，而且发出的报文不会按顺序到达目的地。

（三）分组交换

分组交换是目前应用最广泛的数据交换技术。分组交换采用"存储—转发"

和"分组—组装"的数据传输机制。当发送端有数据要发送时，它把数据分为固定长度的分组，然后传输给交换设备；交换设备在接收到分组后，如果所需要的输出线路暂不空闲，则将数据分组存储起来，待输出线路空闲时，再将数据分组转发出去。分组交换又有两种方法，即数据报和虚电路。

1. 数据报

在数据报方法中，每个分组须携带完整的地址信息，同一报文的不同分组可在不同线路中传输，到终点后再将一个报文的所有分组重新汇集成完整报文。

2. 虚电路

在虚电路中，在送出任何分组之前，先建立一条逻辑连接，所有发送到网络中的分组，都按发送的前后顺序进入逻辑链路，然后沿着链路传送到目的地。

分组交换的优点是线路利用率高，信道可以被多个报文共享。另外，由于限制了报文分组的大小，故报文可以存储在交换设备的内存中，保证不会长时间占用线路，因而可以进行交互式和实时通信。其缺点是大报文需要进行分组与重组，有时会导致报文分组的丢失或失序。

第六章 "互联网+"时代计算机应用技术与信息化的发展实践

在互联网+时代，计算机应用技术与信息化的发展实践呈现出深度融合与创新驱动的特点。这一时代标志着信息技术与传统产业的全面结合，推动了社会经济的数字化转型。

第一节 计算机应用技术创新发展的有效策略

一、提高计算机应用技术开发团队的综合素养

提升计算机应用技术创新的最根本因素是人才支撑，人才储备及开发团队的素养水平直接影响着创新能力的高低。因此在提升计算机应用技术创新发展应当注重培养或选拔具有一定创新意识的人才。创新是发展的本质，任何事物实现质的跨越必须经过创新这一步。除此之外，企业也可以定期开展座谈会为工作人员提供交流和解决问题的机会，也可以邀请知名专业人员进行讲解，为工作人员提供学习的机会。此外，计算机应用技术开发团队也可以通过与高校教师合作的形式，聘请专业人员参与到计算机应用技术的科研和创新过程中。

总之，提升计算机应用技术开发团队的综合素养要从工作人员本身开始。

（一）专业教学团队建设成功的经验

1. 建立了人才培养调研机制

遵循由学校企业共同进行专业人才培养方案的原则，成立了由教师、企业技术骨干和行业技术员组成的专业教学指导委员会，进行了市场调研、课程开发、素质培养研究，以及举办了培养方案论证会等。

2. 团队人员理论与实践教学人尽其能，团结合作

校内专任教师在团队中主要承担核心专业课程的理论教学，并参与大部分校内实践环节的指导。同时主持各课程的建设，承担课程教学设计、教材编写、生产实训项目的教学设计等。

3. 专业教学标准和课程标准制定

对接岗位职业资格要求，突出职业岗位能力培养和职业素养养成，共同讨论、共同编写工学结合的课程标准。

4. 双师执教，双证融合

通过充分发挥学校、企业两个育人环境，利用校内教师与行业企业专业人才和能工巧匠两支师资力量来培养学生，不断扩大工程师、技师等能工巧匠执教的比例，形成了公共基础课由专任教师完成、实践技能课主要由具有相应高技能水平兼职教师讲授的分工协作机制；推行毕业证书与职业资格证书相结合的"双证书"制度，实施对证（职业资格证）施教、对岗施教。

5. 仿真模拟，贴近实际

充分利用现代信息技术，建立数字媒体设计虚拟工厂、计算机维护虚拟实训室、开发有多个虚拟项目，仿真实际工作岗位，营造真实的职业氛围，建构真实工作场景的生产性实训室，融教、学、做于一体。

6. 校企共育，订单培养

充分发挥团队在校企合作中的纽带作用，通过多种途径开展校企合作，充分发挥学校、企业两个育人环境及两股师资的作用，引用企业生产评价考核标准。开办订单教育；引真实项目进课堂，进行项目教学；引厂入校，达到了计算机组装与维护、电路设计、电路调试等课程的学习与生产实际紧密结合的目的；开办实体公司，为教师和学生提供一个直接进行信息化服务工作的平台；广建校外实训实习基地，保证学生的实训实习需要。

7. 利用网络，自主学习

教学团队要重视网络平台的利用，重视师生互动，开发了师生实时交互系统、答疑系统，还充分利用 QQ 群、系部 FTP 作为师生实时交流的平台；建立专业网上校友会，了解毕业生的信息反馈，从而不断改进教学工作；建立校企合作网上平台，让学生与企业多方及时互动；学生通过网络进行自主学习，部分课程规定学生通过网络学习，教学团队还开发了网上测试系统；建立毕业生终身学习系统，建立了资源网站、学习系统对毕业生进行开放，如天空教室、视频教学、各类题库等，受到了毕业生的一致好评。

8. 素质培养，落在实处

学生素质是最根本的能力，本团队注重了对学生人文素养、政治素养、社会能力、方法能力、创新能力、适应能力、学习能力的培养，通过多种途径增强学生的诚信意识、创新意识。

9. 科研教研，促进教学

通过对项目的研究，将教学改革与教学研究的措施和成果落实在教学各个环节，从而保证了教改质量，提高了教学效果。将研究成果用于认证考试、技能训练、进教材、转化为教学项目。

（二）推进教学团队建设的策略

1. 密切与企业的合作，加强专业教学团队的专业实践能力建设

以产学合作为依托，加强与行业企业的联系，为教师提供必要的资料和实训条件，从而能够有计划地安排专业课教师到企业去跟班学习，或亲自去参与生产经营，了解生产第一线，应用新技术，提高动手能力；中青年教师可以采取脱产或半脱产形式轮流下企业实习，或独立去完成一两个工程项目，时间可长可短，形式可灵活多样。

2. 注重师资继续教育，加强专业教学团队的教学和科研能力建设

专业教学团队的教学水平决定了教学效果和质量，为此将教师科研的重点导向与企业的横向合作、技术开发和技术攻关方面，同时，要加强科研管理层的服务意识，积极搭建与企业的合作平台，加强技术转化和转移的能力。

3. 培育专业带头人，加强专业教学团队的社会适应能力建设

专业带头人是教育专业教学团队中的领军人物。专业带头人的引进和培养是教育专业教学团队建设中的核心工作。专业带头人的培育必须通过引进企业或行业优秀人才，改变骨干教师的培养方式，加大培养力度。

具体的培育途径如下。

（1）制定优惠政策引进行业企业专家和高级技术人员

对引进的人才要进行教育教学相关理论和技术方面的培训，使他们既能站在专业技术领域发展前沿，熟悉行业企业最新技术动态，又具有较高的教学水平和较强的教学教育能力。

（2）选拔人才

有计划地选拔专业理论扎实、有丰富教学经验和较强科研能力的骨干教师到行业企业进行几年的顶岗实践。这样可以丰富他们的企业实践经验，积累实际工作经历，掌握企业技术的最新动态，提高实践教学能力。

（3）为专业带头人的培养创造良好的环境。

必须加强与行业企业的联系，共建实训、实验基地；聘请行业企业技术骨干担任实训教师，参与教学计划、课程标准的制定，开展学生的评价等；同时学校要建立"双师型"教师资格认证体系，研究制定教师任职标准和准入制度，重视教师的职业道德、工作学习经历和科技开发服务能力，引导教师为企业和社区服务。

在对专业带头人培育的同时，学校也应与社会、企业、行业密切联系，使专业教学师资充分了解专业的市场动态，采取各项激励措施促进专业教学团队的社会服务能力建设，最终使培养的专业人才质量满足社会需求。

二、不断提升计算机应用技术的安全性能

注重提升计算机应用技术运行的安全性能主要从以下两个方面进行：首先，对 IT 行业的计算机技术开发人员来说，应当进行定期的学习与实践，通过学习与接触最新知识成果，不断丰富自己的知识体系，进一步丰富和完善计算机应用技术的安全保障体系，通过设置和开发网关技术使得技术更加多样。

其次，计算机技术开发人员在设计应用程序的过程中应当注重安全程序的设置和安全网的防护，从而提升计算机应用技术的运行安全技能。

（一）强化科技人员管理，做好日常漏洞评估

工作人是计算机安全管理中最重要的因素，强化科技人员管理势在必行。因此要建立和健全管理控制制度，安排专业技术人员来实施安全管理工作，负责硬件维护、软件开发和网络安全等，专人专职，做好权责划分，同时注重合作，形

成互相监督、环环相扣的整体；做好保密工作，对于重要事务的处理指定人员在遵循相关规定和程序的情况下完成，同时保存相关记录，防止用户越权操作；严格审核准备输出的数据，防止泄密，定期更换认证口令，防止用户非法更改系统。要注重科技人员的培训和进修，促进科技人员安全意识增强、知识结构更新、技术水平提升、道德水准提高，不断适应新形势、新变化。

1. 强化科技人员管理的特点

计算机应用技术是目前一个使用范围十分广泛的技术，其中包含了计算机硬件、软件及相关的基本理论等，其应用给各行各业带去了很多的便利，能够完成人工无法完成的任务。在工作中具备了简单、方便且工作效率高的特征，使用计算机信息技术，优化了企业在人事管理方面的工作，使其更加地规范化和信息化。

2. 强化科技人员管理的内容

（1）人事信息采集方面

现代企业中，员工相关信息变动较快。在这个方面就需要企业的人事管理部门应及时掌握这种信息的变化。计算机信息技术就是其中的重要手段，使用计算机技术建设信息管理系统，特别是一些比较大型的企业，员工数量众多，且岗位也比较复杂多样，人事管理部门在对相关的信息进行收集的时候，就能够很方便地将信息使用计算机录入其中，且还不容易出错。在需要查阅时就能够时刻从里面获得相关的资料，这比以往传统的方式要方便得多。同时，还能够做好信息的加工、总结与处理的工作，并且大幅度提升了人事信息采集的正确性，降低了人为劳动方面的出错率。

（2）人事档案管理方面

对于传统的人事管理工作，人事档案管理是其中的关键部分，涉及每一位员工的切身利益。使用计算机技术能把这些档案用信息化的形式记录其中，建设规范化的信息数据库，这样就能够方便人事部门的统一管理和组织，其中各种岗位不同的员工可以分类的方式进行存储和管理，让企业人事管理模式发生很大的改变，用计算机技术代替了人工，节省了人力资源。

（3）人事决策方面

信息化的人事档案，可以为企业人事决策提供有效参考。当企业需要对人员进行升迁考核时，可直接通过数据库详细、准确地了解和掌握员工的相关信息，看其具体工作水平，为人事决策提供有效的参考和数据支持。同时，信息化的人事档案在企业构建绩效、薪酬机制时，可以把每个员工在工作时候的工作情况及每个月的绩效信息录入其中，这样就能够很方便地和员工的薪酬挂钩，合理地安排员工的酬劳，且减少了人事管理方面的人工。

3. 强化科技人员管理的策略

（1）单位要提高重视程度

企事业单位必须提高对计算机信息技术的重视程度，加大人事管理中计算机软硬件设施的资金投入，建立起信息化的人事管理部门。计算机信息技术对人事管理效率和质量的提升是建立在信息收集的基础上的，而人事信息目前主要依靠人工完成收集和录入，因而，企事业单位必须强调人事信息收集和录入的及时性、准确性。对于重要人事信息应要求分类保管，同时注意信息的保密，避免人事信息外露，对企业造成影响。此外，应用计算机信息技术时，应具有针对性，根据实际需求，完善管理。而不应该完全依赖和盲目相信计算机信息技术。各部门之间应配合人事管理部门的信息收集工作，为企业构建现代化、信息化人事管理提供有力的支持。

（2）加强队伍建设

首先，企事业单位须加强人事队伍建设，针对计算机信息技术，组织人事管理部门员工进行相应的专业知识和操作技能培训，在熟练应用的基础上，充分挖掘计算机技术在人事管理中的应用潜力。其次，企事业单位可制定相应的奖惩机制和绩效机制，以此提升人事管理人员的工作责任心和积极性，确保计算机信息技术能够充分发挥其作用。最后，企事业单位还需要引进和培养计算机技术相关专业人才，从整体上提升计算机技术水平，为人事管理部门的计算机技术应用提供技术支持。

（二）加强身份鉴别与验证，强化防火墙技术

在身份鉴别与认证方面，为加强计算机安全管理，要求计算机系统对用户、设备及其他实体身份的识别和验证实施网络通信层、系统层和应用系统层的三级认证。网络通信层验证基于口令验证协议对广域网连接设备进行身份验证，只有

身份标识与口令通过验证才可建立连接，防止非法网络连接；系统层验证要利用注册账户、注册口令在本地对用户登录合法性进行验证；应用系统层验证中，系统用户以口令方式或 IC 卡身份鉴别方式完成验证，客户则利用账号作为标识，通过客户密码完成身份验证。

通常情况下，防火墙是设置在网络端的，为网络运行提供安全保障。为进一步加强计算机安全管理，须强化防火墙技术，除购置网关、防火墙等，还要重置口令，而不是使用默认口令，确保将无入网许可的设备屏蔽在外。同时要将配置进行备份，以便在出现故障时能快速获得相关参数。

1. 防火墙在计算机网络安全中的重要性

（1）对不安全服务的有效控制

当前，计算机网络技术发展迅速，在计算机网络技术的发展过程中，常会出现一些不安全的因素，影响着计算机网络技术的安全运行，无法保证计算机网络的安全服务职能。防火墙在计算机网络技术的发展中，能够实现对计算机网络技术的保护，保证计算机网络技术的安全运行。防火墙在使用中主要是针对内外网的数据交换与传输，使授权的协议与服务通过防火墙，以此来降低计算机网络的安全，降低风险的产生。

（2）对特殊站点访问的控制

防火墙在计算机网络中的运用，能够实现对特殊站点的访问，对计算机网络技术的安全运行具有重要作用。例如能够保障数据信息的安全、稳定传输，加强对数据信息的保护工作，在对计算机中的数据信息进行保护的过程中，能够得到数据信息的认可。通过在计算机网络中加入防火墙，能够有效控制一些不必要的访问，保证计算机网络的运行安全。

（3）集中的安全保护

防火墙具有集中安全保护的功能，计算机网络软件作为一项大规模的内部网络，其中蕴含了大量的计算机信息，为了加强对计算机网络技术的保护，应该充分利用防火墙功能，加强对网络信息的集中安全保护，达到网络管理的目的。该方式与主机中的分散放置相比，安全性更高，为数据的安全防护提供保障，能够将数据信息放在防火墙里，防止不法分子对数据信息的盗取。

2. 计算机网络安全中防火墙技术的应用

（1）代理服务器防火墙技术的应用

代理服务器是防火墙技术中的重要组成部分，能够保证网络技术的安全，为计算机网络提供必要的代理服务，防火墙在应用过程中，能够代替真实网络，实现对网络信息的交换，较强对网络信息的有效处理。通常计算机网络信息在传输的过程中，能够有效地防止外网的跟踪和攻击，防止病毒和木马进入到内网中，防止内部数据发生窃取和盗用，保证数据信息的安全性。同时，在使用代理服务器时，能够保护数据时间的信息交换，加强对 IP 信息的监督，有效地防止信息被盗用，通过虚拟的网络环境，能够加强对数据信息的保护工作，实现对信息的有效管理。另外，代理服务器具有安全性较高的特点，在计算机网络系统中使用时，能够实现对数据信息的保护，加强对数据信息的管理，以其自身严谨的结构，强化数据的使用功能，有利于加强对信息的集中管理，保证用户的计算机网络技术的安全使用，为用户提供优质和安全的网络环境。

（2）防火墙访问策略的应用

访问策略是保证计算机网络安全的重要内容，能够实现对计算机网络信息的保护，防止计算机网络技术在使用过程中存在的网络安全问题，也是当前防火墙技术的重要使用核心。访问策略在使用过程中，需要建立有效的科学防护系统，保证数据信息的安全运行，应该结合当前计算机信息技术的使用情况，对计算机信息技术进行合理的配置，并经过周密的安全检测，对计算机网络技术进行系统的分析，纳入计算机网络技术的安全管理中，在使用中，能够对计算机网络技术的运行情况进行了解，制定出规范的使用策略，保证计算机网络技术的安全运行。访问策略中的安全防护流程在适应中，能够将计算机网络技术中的内容进行合理的划分，结合计算机网络技术的运行特征，制订出系统的方案。针对计算机安全管理中的问题，制定出合理的策略表，实现对计算机网络的细化保护。

（3）防火墙包过滤技术的应用

包过滤技术也是防火墙技术中的重要组成部分，在实际的使用过程中，需要参照以往的数据信息对信息的使用情况进行判断，与以往的安全注册表中的数据信息进行对比，来判断数据信息是否已经安全送达，实现对数据信息的监控，起到安全保护的目的。同时，该项技术在使用中，主要是通过计算机网络中的目的

IP，需要对目的 IP 上的信息数据进行解析，对数据源进行系统的分析，能够明确数据源上数据的具体情况，再与安全注册表上的信息进行对比，能够分析出当前的数据信息与以往的数据信息之间存在的差异，了解当前的数据信息存在的问题，有利于实现对数据信息的管控工作。另外，包过滤器还可以被应用到计算机的主机内部，将计算机网络中的信息按照由内到外的顺序进行传输，为了加强对数据信息的保护，可以在里面加入限制性的功能，保证信息传输的安全性。

三、普及计算机应用技术

计算机应用技术的普及，首先要注重年龄阶段和地区阶段的同时发展。网络年轻化和网络发达化充分反应了计算机应用技术在普及方面存在一定的问题。因此，计算机应用技术的普及应当包括年长者与偏远地区，从而使得各个年龄阶段和各个地区的人都能够从网络时代中受益，并与时代积极接轨。对于欠发达地区和偏远地区来说，普及计算机应用技术有两个作用：一方面能够使得学生在学习的过程中充分认识到科学技术的重要性；另一方面通过知识性的普及能够帮助更多的学生树立创新意识和科学思维，从长远角度来说，能够有效地提升计算机的创新水平。

（一）明确普及内容和普及方向

1. 普及内容分析

普及工作中，需要首先向人群普及基本计算机知识，包括计算机设备的构造，如机箱、CPU、内存条、主板、硬盘、光驱、刻录机、显卡、网卡、声卡、电源设备等，介绍其组成构造、功能，提高人群对计算机的认知；要想熟练地操作计算机，还要了解计算机的软件系统，主要包括操作系统、程序设计系统、应用软件三个方面，是计算机功能的体现工具；在对计算机有了比较完整的基础了解之后，要求普及对象掌握计算机的基本组装原理，同时能够对一些简单故障进行合理的排除和维修，比如如何应对接触不良造成的电脑故障、如何检查硬件本身故障等。还应当普及教育检查计算机故障时应注意的步骤，即由外到内、由软件到硬件、先通病后特殊情况等的原则。除了这些相对专门的计算机知识外，还应当普及一些与计算机联系紧密的设备的操作技术，巩固和完善计算机技术的普及内容，比如 word 文字编辑系统、打字机的操作技巧、传真机复印机的操作等。

另外，计算机技术普及工作开展的同时，还应当注重就计算机技术的发展史向人群宣传我国在这一领域取得了何种值得骄傲的成绩，培养普及对象的爱国主义思想和民族自豪感。

2. 普及方向阐述

普及方向即普及的动机和目的，计算机技术普及工作需要有明确的目的性，使工作能够体现其价值所在。

普及工作当以提高普及对象的计算机知识了解程度，提升其信息化专业素养，最终使普及对象的工作和生活理念发生改变，进而跟上时代发展的节奏，适应不断升华的工作岗位为主要方向。

普及工作应当以培养普及对象的创新发展思维和对新兴事物的接受与适应能力为目的，加强普及对象的道德培养和法治观念的塑造。

普及工作应当以加强普及对象的生存能力为目标，为其树立自信、自尊、自强的人生态度。

3. 开展综合创新的普及工作

普及工作的综合创新，即在普及对象、过程、方式上的发展和变换。

实现理论普及与实践普及的综合创新，在计算机技术的普及教育过程中，不仅要注重理论知识的传播，还应当引导普及对象进行实践操作，既充实了他们的知识积累，又使他们能够很好地将所掌握的理论知识转化为行动。

实现长期普及与及时普及的综合创新，以普及对象计算机知识的发展、更新为目的，将普及工作作为一项长期稳定的社会任务来开展，但是又要注意在适当时进行专门的深化教育，以机动的教育补充来保证普及工作的新鲜度。

实现专门性和广泛性的综合创新，既以提高全民计算机技术为目的，主要针对非专业认识进行计算机普及教育，与此同时，又不能忽略了对专业认识的普及教育工作，实现两相推动，共同进步。实现社会教育与学校教育的结合创新，即继续鼓励学校计算机技术的教学，将下一代的计算机技术的普及工作落实到校方身上，并且严格要求计算机职业学校或计算机专业的教学活动，保障专业人才的优异性，为下一阶段的普及工作提供人才支持。

（二）普及方案的实施

1. 以地区政策为强力保障

作为地区之首脑，政府应当将计算机的普及工作放到政府各项工作的重要位置上。一方面，切实推行普及教育制度和规范的建立，运用政府的强制力为保障，确保普及工作的有效开展；另一方面，政府应当建立人才导向政策，积极招纳计算机专业人才，并普及到工作中去，发挥他们的专业能力，使之"学以致用"，以点带面地进行有效普及。另外，还应当建立科学的人才激励机制，即对普及过程中表现好的普及工作者予以奖励，对表现不好的普及工作者进行批评教育、引导或辞退，促进普及工作者之间进行良性比拼，积极发挥其教育余热。

2. 加强信息理念宣传和教育工作

在政府方面，多采用标语、电视广播节目、报纸、杂志等公共舆论工具全方位的宣传计算机技术知识，力争潜移默化地教会部分社会人群基本的计算机知识，促使整个社会思想理念的转变。在普及工作者方面，要多方深入，在人群中扎下根，进行思想引导，唤起普及对象的危机意识，使他们能够自觉地完善技术。在学校方面，要向学生阐述明白，多学习计算机知识、掌握计算机技术对自身今后发展的重要性，使学生将计算机技术作为一种适应社会环境的生存技能来进行学习。

3. 建设学校教育力量

学校教育是计算机技术普及工作的关键部分，因此，建设学校教育力量是提高计算机普及工作效果的重要准备工作。一方面，要加强学校师资力量建设，积极组织开展广泛的教学研讨会，使教师之间能够相互交流、借鉴，促进教师团体的自我进化；另一方面，多开展教师培训活动，鼓励教师进行深入学习，不但能提高教师的计算机专业知识的水平，还能通过教师对学生形成榜样教学，使学生也积极投入到深入学习中去。此外，社会普及教育环节同样不容忽视，需要普及工作者发挥其专业能力和团队协作精神，认真、细致、务实、负责地开展普及工作。

4. 分层普及法的适用

分层普及，既根据"因材施教"的理念，对普及对象进行科学比对分析，然后划分为三个不同的层次。

（1）入门教育

对象为对计算机基本上一点都不了解的普及对象，主要通过基础理论的传授，使他们能够掌握一些操作计算机的基本技能，是计算机的"扫盲"和"启蒙"层次。

（2）技术教育

技术教育是在入门教育的基础上，附带专业性质的教育过程，着重培养普及对象将计算机作为开展工作、完成任务的工具的能力，比如财务人员利用计算机进行财务审计和分配、教师运用计算机进行教学辅助等，以应用为目的，重点培养普及对象对计算机的应用能力。

（3）专业教育

即高层次、高水准、高学历的专门性人才培养阶段，旨在让普及对象掌握系统的知识体系，并对知识体系有深入研究，能够在已有知识的基础上进行创新发展。

第二节　计算机信息化技术的应用与发展

一、计算机信息化技术的风险防控

目前，计算机信息化技术已经在各行各业中得到了广泛的应用，并且对人们的生产生活方式产生了巨大的影响。随着相关技术的不断发展，尤其是 5G 技术的应用，计算机信息化技术将发挥更加积极的作用。但同时计算机信息化技术也存在一定的安全风险，必须加强风险防控措施，确保计算机信息化技术的有效应用。

计算机信息化技术的应用能够对资源进行合理、高效的配置，全面提高生产和管理效率，使各个领域的经济效益明显增加。同时计算机信息化技术的应用还为教育创新、管理方式优化等提供了有力的支持。对于计算机信息化技术的安全风险问题，必须从多个方面采取措施进行防控，保障计算机信息化技术的综合效能达到最优。

（一）计算机信息化技术的主要安全风险问题

目前，计算机信息化技术在应用过程中的安全风险问题主要有以下三个方面：

一是外来入侵风险。由于计算机信息化技术是基于信息网络进行数据通信和信息共享的，因此不可避免地会受到黑客和计算机病毒的恶意攻击。这种外来入侵风险是基于计算机技术和网络技术的专业攻击，具有一定的技术性和针对性，也是计算机信息化技术安全风险防控的重点。

二是网站安全管理技术落后。计算机信息化技术在应用过程中需要采用相应的、专业的信息安全管理技术来保障信息和数据的安全，如果安全技术缺失或者落后，会严重影响计算机信息化技术的重要应用安全，出现信息泄露、恶意篡改等问题。这同时也是计算机信息化技术安全风险防控的关键问题。

三是人为因素的影响。这主要是指没有按照计算机信息化技术的应用规范进行操作，或主观安全风险防控意识不强造成的安全风险问题，也是需要解决的重要问题。

（二）计算机信息化技术安全风险防控的对策和措施

结合计算机信息化技术的应用实际，建议从以下四个方面采取措施，解决计算机信息化技术的安全风险问题，强化计算机信息化技术安全风险防控。

1. 强化计算机信息化技术的安全管理

面对随时可能发生的外来入侵安全威胁，要通过加强安全管理来应对，具体地说，要做好以下三个方面的工作：一是加强计算机信息化技术管理与信息安全管理，制定相应的应急处理预案，一旦出现问题能够及时采取措施解决；二是设置计算机信息化技术应用的安全防护软件，使用计算机安全保护系统，加强网络平台的安全防护；三是加大对网站安全的检测力度，及时更新计算机安全防护软件，对于发现的系统安全漏洞要进行及时的处理，对计算机信息化技术应用体系进行定期的杀毒，为计算机信息化技术的应用创造安全的环境。例如，在网站修复管理方面，购买正规渠道的杀毒软件，将其安装到计算机上并进行定期的维护、升级，保障计算机软件良好杀毒性能，提高计算机信息化技术应用的安全。

2. 构建风险预警管理系统

构建风险预警管理系统是计算机信息化技术安全风险防控的重要措施。在计算机信息化技术应用的基础上构建相应的预警系统，对外来风险进行预警。例如，在电子商务领域中，当电商交易双方在交易过程中受到病毒攻击可能出现信息泄露或者影响交易行为的时候，预警系统就能够向交易双方发出警示，提醒交易双方更加谨慎地进行交易。同时，预警系统还具备病毒清理和漏洞修补的功能，能够对计算机信息化技术应用环境进行净化，保证计算机信息化技术发挥积极作用。

3. 做好安全规划工作

计算机信息化技术已经在各行各业中得到了广泛的应用，为了保障技术应用安全，除了要做好安全管理和风险预警之外，更重要的是要根据计算机信息化技术应用的实际，提前做好风险评估，落实安全规划。例如，计算机信息化技术在企业管理中的应用，要结合企业的发展管理目标和经营计划制订计算机信息化技术的安全管理方案，包括提高企业员工的技术应用安全意识、规范企业员工的信息化技术操作等，避免人为操作失误导致的计算机信息化技术安全风险。针对机密信息的管理中要规定操作者的范围，明确管理者的权限，并且通过动态密码和身份验证双重管理方式来保证机密信息和数据的安全。另外，还要针对浏览垃圾网站、泄露个人信息等行为进行相应的规定，全面做好安全规划工作。

4. 加大风险防控投入力度

加大计算机信息化技术风险防控工作投入是有效的风险防控措施之一。一方面，要加大资金投入。引进高质量、先进的硬件设施设备，购买安全软件、杀毒软件，为计算机安装防火墙。同时，还要对内部信息化管理软件进行定期的升级和更新，多个角度保障软件的使用安全。另一方面，要加大人力投入。加强计算机信息化技术安全应用培训，同时引进专业的计算机技术人才，为计算机信息化技术安全应用构建良好的人力保障。

为了保障计算机信息化技术在各领域发展方面发挥积极作用，必须做好风险防控工作，加强安全管理，构建风险预警系统，做好安全规划，加大投入力度，不断优化计算机信息化技术的应用环境，保证计算机信息化技术安全。

二、计算机信息化技术应用及发展前景

计算机信息化技术包括通信技术、互联网、数据库等。它广泛应用于社会生活的各个方面，为人类的生活带来了极大的便利。随着时代的不断进步，我国的计算机技术也得到了全面的发展，人们的生活改善都依赖着计算机信息化技术。实际上，发展计算机信息化技术并探索其发展前景对推动社会进步有着深远的意义。

（一）计算机信息化技术的发展现况

1. 与社会经济发展相得益彰

计算机信息化技术的发展一定程度上取决于社会经济的发展，它们之间的关系是密不可分的。由于社会经济的不断发展，人们对于计算机信息化技术的要求也在不断地提高。这在一定程度上将计算机信息化技术与经济发展结合起来，例如，计算机信息化的数据处理技术和运算能力的不断提高，对我国经济的快速发展起着不可估量的作用。当今社会，只有不断提高经济的发展水平，才能推动社会的进步，才能将先进的技术从国外引进来，并加以研究与开发。

2. 计算机信息化技术应用不平衡

由于受地区经济发展水平的限制，各地区使用计算机信息化技术存在着很大的不平衡性。发达地区因为经济发展水平高，将计算机信息化技术应用于企业发展的机会就相对较多，对于企业的发展也好；相反，因为地区经济发展落后，很多企业在很大程度上不能够将计算机信息化技术应用在企业发展中，企业的发展前景也相对较差。因此，发展计算机信息化技术，必须由国家统筹地区发展、缩小差距，这样才能够将计算机信息化技术广泛应用于各个地区，共同推进社会的经济发展和进步。

（二）计算机信息化技术的应用

1. 在企业的应用

首先，在企业工作中运用计算机信息化技术主要是想借助计算机呈现出的市场信息把握市场动态，进而抓住企业发展的机会，使企业在激烈的市场竞争中立于不败之地。例如计算机信息化技术可以在保护用户数据和信息安全的前提下，通过精准地把握客户的特点将重要的客户信息带给企业。其次，企业也可以通过计算机视频信息化处理技术开展视频会议而解决受地域限制难以随时随地进行的交流和讨论。它不仅大大提高了企业员工的工作效率，也促进了企业的发展。

2. 在教育方面的应用

计算机信息化技术在教育方面也得到了广泛的应用，并对教育的发展起着尤为重要的作用。对任课教师而言，他们可以利用计算机信息化技术进行多媒体网上教学，这样不仅节省了教师上课板书的时间，而且可以通过图片展示、视频放映的方式丰富课堂教学模式，进而提高课堂效率。对学生而言，他们可以在学习过程中通过互联网进行资料查阅，也可以下载各种各样的学习软件进行多方面的学习，不断增加自己的阅历、丰富知识。计算机信息化技术的应用，对平衡教育资源的分布也起着不可或缺的重要作用，比如，在偏远的落后地区，由于经济受限，孩子受教育受阻，都可以通过网上学习来达到受教育的目的。

（三）计算机信息化技术的发展趋势

1. 走向网络化

随着计算机的不断普及，计算机信息化技术在不断地进步与发展，全民上网已成了一个必然的社会发展趋势，未来社会人们将普遍生活在一个网络圈中。与此同时，互联网经济的出现与发展也得益于计算机信息化技术的应用与发展。以往的实体经济在互联网经济的竞争下也在走下坡路。现如今，线上经济在人民的生活中占据着重要的位置，人们越来越习惯于线上购物。在日益繁忙的当今社会，人们足不出户就能买到自己心仪的物品，何尝不是一件既方便又省时的事情？

2. 走向智能化

如今的时代是一个智能化时代，智能化时代的出现离不开计算机信息化技术的发展。计算机的发展带动着科技的不断进步，科技的进步为智能时代的到来奠定了基础。随着智能手机的普及，人们可以实现一机在手、说走就走的愿望。智能手机发展如此迅速，计算机信息化技术也不会落后于社会发展的潮流，它会朝着智能化不断迈进。在未来社会发展中，计算机智能信息化技术也占据着一席之地，为人类的进步贡献自己的力量。

3. 走向服务化

任何科技的发展都以服务于人类社会为主要目的。计算机信息化技术在未来走向服务化也是趋势。机器人的研究与发展就是借助计算机信息化技术，它们通过向机器人的系统中输入数据，并通过计算机在后台进行控制，使其能够像正常人类一样从事工作，服务于社会。未来，随着人类的工作逐渐被机器人替代，将出现更加高端的且机器人都无法取代的职业。计算机信息化技术的发展将会制造更加利于社会发展、服务于社会的机器人来代替人类从事劳动。

计算机信息化技术在社会生活的各个方面都得到了广泛的应用，它的发展前景是非常乐观的。而且，随着社会的不断发展，计算机信息化技术也会逐渐地完善，它在推动经济发展、社会进步方面发挥着越来越重要的作用，无论是在生活中，还是在工作学习中，人们都离不开计算机及计算机信息化这一技术。未来社会，随着智能化的不断推进，人们越来越依赖于计算机信息化技术的应用与研究。它能够指引社会的发展方向，推动社会的进步。

三、计算机信息技术中的虚拟化技术

计算机技术是信息领域的重要工具，也是信息产业发展的重要组成部分，在社会与经济发展中起到举足轻重的作用。计算机是人们生活和工作的重要工具，在社会的各个领域都普遍应用。人们的生产和生活离不开计算机的运用。信息技术的不断更新与发展，为人类社会的进步和生活效率的提高做出了重要贡献。在日益激烈的竞争中，计算机技术在不断地升级与更新，人们通过信息网络的使用能够不断提高工作效率，因此，计算机技术的应用也是在不断地遵循和掌握市场的趋势来发展的。人们能够及时掌握新的信息技术与原理，会更有利于工作的开展。

（一）计算机虚拟化技术原理

虚拟化技术的应用需要计算机技术的支持。计算机技术对于虚拟化技术的支持力度是有差异性的，要经过验证系统的管理程序，确保计算机系统的管理程序对虚拟化技术支持的吻合度，才能够确定机器对于虚拟化技术应用的支持。系统管理程序包括操作系统和平台硬件，如果系统管理程序具备操作系统的作用，也可以称为主机操作系统。虚拟机是指客户操作系统，虚拟机之间是相互隔离的，并非所有的机器硬件都支持虚拟化技术，会因产生不同含义的指令而导致不同的结果。同时，在执行系统管理程序时，需要设定一个可用范围来保护该系统，这是针对虚拟化技术采用的措施和方案。还要扫描执行代码，以确保执行系统的正确性。

（二）计算机虚拟化的工作模式

1. 桥接模式

在一个局域网的虚拟服务器中建立相应的虚拟软件，不同的网络服务应用于所在的局域网中，为用户带来了很大的便利。虚拟系统相当于主机，连接不同的设备，同时，分配好网络地址、网关与子网掩码，其分配模式与实际使用中的装备相类似。

2. 转换网络地址模式

有效利用网络地址转换方式，能够在不需要手工配置的情况下对互联网进行访问。这种模式的主要优势是：在不需要其他配置的情况下，比较容易接入互联网，只须确保宿主机能正常访问互联网就可以。宿主机与路由器具有相同的作用，进行网络连接，有效运用路由器是十分简便的方式，而虚拟系统等同于现实生活中的一台计算机，获得网络参数的途径是利用 DHCP。

3. 主机模式

在虚拟与现实需要明确划分的特殊环境里，采用主机模式是必不可少的步骤。这种模式的操作原理是：能够使虚拟系统互访。由于虚拟系统操作与现实系统操作是分离的，在这种情况下，虚拟系统无法对互联网进行直接访问。在主机模式中，虚拟系统可以完成与宿主机的互相访问，相当于将二者用双绞线连接起来。由此可知，在不同的环境和需求下，所采用的操作模式也各有差异，要针对不同模式的不同特征，有效发挥其最大的作用。

（三）虚拟化技术的实际应用

计算机网络技术迅速发展，其优势与应用日益突出，在不断发展与进步的同时，计算机虚拟技术的发展也在不断更新与进步。通过公用的网络通道来打开特定的数据通道，以此来配置和分享所有的功能信息与资源。例如所采用的虚拟化服务器技术，它的主要原理是利用虚拟化软件完成不同系统的共同运行及使用，系统进行选择时不需要再一次启动计算机。由此可见，虚拟技术的应用对人们的学习与生活的影响意义重大。虚拟技术在维护和修理方面所花费的成本较低，同时，其发展日益多元化，应用范围更广泛，一些学校、医院和企事业单位均在应用虚拟化技术。在一个企业中，采用虚拟网络技术能够在不同科室之间进行分享与交流，给人们的工作带来了更多的便捷。在交流与分享信息时，可控制虚拟广播中所需数据的流量，而不需要更改网站的运行，只要操作好企业内部的计算机虚拟网络就可以了。可见，虚拟化技术促进了系统能力的有效提升，同时，提高了企业的管理水平和工作效率。另外，计算机虚拟拨号技术的有效运用，有效地实现了组网。这种信息技术已广泛地应用在福利彩票的销售中，体现出了强大的作用和价值，能够保持每天 24 小时售票，而且操作简单易懂。这种信息技术打破了传统的工作模式，优化了福彩的销售方式，同时也保证了数据传输的速度。

（四）虚拟技术应用能力的提高

分析计算机技术中虚拟技术发展的主要因素，以此提高其应用能力。详细地了解虚拟技术后，再认真分析，并采取以下相应的措施：

第一，要构建好虚拟技术的开发环境，深刻理解与认知现阶段信息技术的先进理念，构建一个适合于虚拟技术有效应用的环境，确保其具备良好的发展空间，这是计算机虚拟技术进步的关键。

第二，有效提高系统的安全性。安全性的有效保证会受到更多人的支持与青睐，因此，全面考虑消除计算机技术在虚拟技术应用中存在的安全隐患，确保其具有较强的安全性，为用户提供安全保障。

第三，整合资源。在品牌和配置不统一的情况下，设备的损耗会加大。因此，完善与统一品牌的配置，才能够控制和降低成本，推动虚拟技术更好地发展。

通过详细阐述计算机虚拟技术原理、工作模式和其运行方式，以及分析计算机虚拟技术存在的不足与现状，不断分析原因，在更新与发展中创新思路，为满足社会大众的需求，有效发挥其最大的价值。社会的进步与发展使虚拟技术的发展与价值日益凸现，对社会发展具有重要的作用和意义，更多地服务于人们，促进社会更好地发展。

四、计算机信息技术的自动化改造

（一）计算机信息技术的自动化

传统办公的模式在当下已经不能满足人们对办公处理的需求，正逐渐退出历史舞台，以计算机为主要载体的自动化办公开始得到普及。相较于传统的办公模式，自动化办公是一种全新的办公处理方式，利用以计算机为主体的先进设备，极大地提高了办公效率。

在信息交流方面，办公自动化打破了传统封闭的模式，以一种开放的形式出现在大众面前，实现了信息的全面共享，一定程度上提高了办公处理能力。

科技的发展不仅给人们的生活带来变化，受其影响，日常的办公中也处处体现着新科技带来的便捷。近 10 年来，随着计算机的普及和互联网的发展，人们的办公形式已经由传统的纸质传输转向了自动化处理，这样的革新为提高工作效率、提升办公的准确性发挥了重要作用。

（二）计算机信息技术的自动化改造技术要点

1. 文字处理技术的应用

文字从产生以来就经历了漫长的发展历程，伴随文字的产生，对文字的处理也经历了很长一段时间的发展，从最初的手写发展到雕版印刷，再到现在的依靠计算机技术处理文字。运用计算机对文字进行编辑处理，极大地方便了人们的生产生活，长期以来对文字技术的发展形成了一套运用计算机编辑处理文字的现代办公系统。在现代办公系统中，对文字进行处理是基础内容和必备的技术要求。利用二级办公，即 WPS、Word 等软件进行文字处理时，能够实现文字录入编辑、排版设置的美观与大方。此外，除了这些软件，单单就文字"域"方面，就给人们带来了惊人的便利，更何况还有一些新推出的功能。不得不承认，信息技术的应用彻底颠覆了传统办公的模式，信息处理自动化正以一种新的姿态不断走进人们的生活。

2. 在办公智能化上的发展

随着当前科学技术的发展，智能化发展也是当前计算机信息处理技术应用发展的方向之一。经济的快速发展，我国大小企业不断出现，行业的增多，使各类办公业务也越来越繁杂，为更好地简化办公过程、提高办公效率，加强构建智能化办公平台也成为办公自动化的重要研究和发展方向。计算机技术人员通过建立相关服务平台来完善办公流程，使办公效率大大地提升，同时节省了办公成本，更好地保证办公质量。如针对不同企业、不同事业单位，会有不同的办公软件，所以企事业单位在选择办公软件时可以结合自身办公实际情况，选择恰当的办公软件，以更好地实现办公智能化和智能管理化。总之，要加快实现办公自动化，就要加强当前计算机信息处理技术发展，加快信息传递、处理效率，进而提高办公效率，保证办公质量。所以，作为计算机技术人员，担负着计算机信息处理技术开发研究的重任，要进一步研发高新技术，更好地为办公自动化提供技术保障。

3. 视频技术广泛应用

目前，信息技术的发展方向是视频技术，其主要是通过计算机技术压缩数据，然后通过可视化技术进行处理，这种技术被广泛应用于各行各业的日常办公中。除此之外，不同地方的人员也可以通过摄像头来开展视频会议，不同地方的人员可以毫无障碍地观察到各自的画面，还能够通过语言来表达自己对会议的看法，大大提高了工作的效率。随着无线网络的发展，未来的发展过程中无线视频技术会广泛应用在办公自动化中，这样提高了企业的办公效率，极大地减少了工作人员在交通中所需要的时间，使工作人员随时随地都可以参加相关的会议，这种视频技术在未来是一种发展的趋势。

计算机信息技术发展的前景非常广阔，随着计算机软件、硬件的不断完善与发展，计算机已成为人们生活中必不可少的物品，从根本上改变了人们的生活面貌。办公室自动化，为企业的发展与管理提供了强大的技术支持。计算机应用到物流行业中，节约了物流运输的时间，降低了物流成本。计算机在人们的休闲时间也得到了广泛的应用，人们闲暇时通过网络游戏来放松。总之，计算机是人们工作生活的必需品，随着经济的发展而发展，随着经济的进步而进步。

第三节 "互联网+" 时代计算机应用技术的应用实践

近年来，计算机技术成为人们关注的焦点，无论是在农工商领域中，还是在金融、教育、医疗事业中，都扮演着一种不可替代的重要角色。基于此，只有对"互联网+"时代下计算机应用技术进行充分了解，才能在未来发展中牢牢把握计算机应用技术的发展方向，并在激烈的市场竞争环境中立于不败之地。

一、计算机应用技术发展中的有效措施

（一）实现智能化服务

伴随互联网技术发展，移动支付已成为当前社会中最为便捷的付款方式，再加之车辆自动驾驶、家装智能家居等这种以前只能幻想的事物正逐步变成现实，促进了社会大众生活趋于智能化方向发展。但是，我国计算机应用技术普及率不高、新兴技术在应用过程中时常受外界因素影响，加之我国计算机人才缺失等，限制了我国智能化服务发展。因此，国家要加强对计算机应用技术研发的重视度，学校还要加强对技术型人才的培养力度，以保证计算机应用改革有效展开。

（二）计算机网络安全

在计算机网络安全中，由于不同用户群体对计算机网络安全的需求不同，应采取有针对性的措施，加强计算机网络安全。防火墙具有信息安全识别、筛选的功能，通过运用人工智能技术，对网络防火墙加以管理，如对垃圾短信、不良信息的拦截，各种病毒的防御，都可以利用人工智能技术来完成。防火墙会根据自身系统设定，对计算机中传输邮件进行扫描，当检测到邮件中可能存在垃圾或病毒时，为用户提供信息的同时，清除掉了邮件中的垃圾或病毒。除此之外，这一项技术能够对用户所使用的信息进行加密传输，进而提高信息交流的安全性。

二、"互联网+" 时代下计算机应用技术的应用实践

（一）"互联网+农业"

我国是农业生产大国，通过采取"互联网+农业"的生产销售模式，加之计算机应用技术充分利用，有效促进了农业生产领域的发展。一方面，实现了农业生产种植全方面控制。比如在农作物生长过程中，利用大数据、云计算等信息技术对种植区域内气候条件、水文特征、土壤质地等影响作物生长因素进行整合、分析，通过采取相关应对措施确保农作物始终在舒适的生长环境下成长，实现了对作物生长的智能化、信息化管理。同时，还可以在种植区域内安装监控装置，一旦察觉到异常情况，如病害滋生、虫害暴发等，便可利用计算机应用技术，科学合理地分析出药物喷洒的适宜剂量，并借助无人机喷洒药剂，促使病虫害防治工作精准化、科学化发展。另一方面，加快农产品销售的信息化发展。在"互联网+农业"模式下，种植户通过利用计算机应用技术，借助农产品销售平台来完成网络交易，拓展了农产品销售渠道，加快了市场流通速度，进而为广大农户群体带来了更高的经济效益。

例如某市利用"互联网+技术"形式，构建了基于水稻种植的大数据服务平台。在网络技术的协助下，构建了智慧云管理平台，并在优质水稻示范种植区布设网络监测点，实现对水稻长势情况的实时分析。在具体管理过程中，通过对水稻智慧数据平台的应用，能够对水稻产业进行布局，根据市场需求变化，对种植品种与面积进行调整，使得水稻质量得到显著提升。通过对网络技术的应用，也能够掌握全市特色农产品的产量，价值与分布信息，并完成对生产主体的动态化评估，不仅确保管理方式现代化，而且降低了劳动强度，极大地解放了农村劳动力。

通过构建农业大数据平台，也能够实现水稻生产的可视化，并大力推广农产品"溯源"体系，加快推动农业企业转型发展历程，使得当地农产品的品质得以显著提升。在农产品的销售方面，充分开发农村电商平台，利用淘宝、京东等电子商务模式，构建了完善的农产品销售网络。同时，搭建了特色农产品展示馆，使得当地农产品的市场知名度提高，由此扩大农产品市场销售份额。

（二）"互联网+工业"

"互联网+工业"这一模式，涵盖了各式各样的计算机应用技术，推动了工业生产发展的智能化、自动化、现代化。GPS全球定位应用范围广泛，如自然资源开采前对该地区进行地质地形、水文气候、土壤性质等勘测，然后进行数据整理分析，制订相应的开采方案，有效保证了工作的科学性、合理性。云计算构建于互联网平台基础上，互联网领域中的企业通过对云计算算法的开发、云计算平台的运维，为各大生产厂商提供了技术支持和服务，而这些虚拟产品为互联网企业创造了全新的盈利模式。大数据是企业利用这一技术对旗下产品及用户数据进行归纳、整理，再通过后台算法帮助企业分析用户的行为、需求等，以此来帮助企业生产制造出用户满意的产品，打破了传统生产销售模式，有效避免了产品滞销现象发生，如淘宝、抖音等平台，均会根据用户近期查阅、观看的产品或视频向用户推送类似的产品。物联网是指在工业生产机械中增添进网络技术，工作人员利用操作系统输入相关指令，进而达到操控生产机械的目的，促使工业生产领域逐渐趋于自动化、智能化发展。与此同时，通过将物联网嵌入工业产品中，为人们的日常生活提供了便利条件，尤其是智能家居概念的出现。通过将家庭中的电子产品连接网络，用户不需要接触产品便可达到控制的目的，如声控家居，即电子产品接收、分析用户的语音指令来完成相关工作。现如今，智能家居已与手机APP连接，用户通过操作手机便可完成远距离操控，如上班时操控智能扫地机器人清扫地面，回家路上操控智能电饭煲进行做饭等，让人们的日常生活更加便捷、家居生活更加舒适。

（三）"互联网+商务"

在互联网时代下，计算机应用技术促进了商业领域的转型升级，电子商务是商业与互联网领域下发展的新产物。电子商务是指互联网企业开发网上平台，邀请各个商家入驻平台，实施线上销售，如电商模式初期的淘宝、京东、天猫，以及新时期下直播带货如抖音、快手等，商家售卖的商品面向全国各大平台用户群体，在这一过程中，互联网企业仅须提供物流渠道和商品售后服务即可。在传统零售业发展中，商家需要租赁店面、缴纳水电费、打通进货渠道，所需要消耗的资金令许多微小商家难以进入这一领域。但电子商务平台则大幅度降低了准入门槛，让众多微小商家获得了利润，也为我国市场经济发展注入了新活力。同时，电子商务产业兴起，线上商品交易量逐年递增，进而促进物流行业得到了发展。物流企业为了提高快递的分拣、派送速度，利用计算机应用技术不断研发和创新，促进智慧物流发展。例如京东快递已实现同城派送的物流模式，采用了集中储物模式，在我国各大城市中建立了大型储物仓，当用户在京东平台上购买产品并下单后，智慧物流系统会根据用户填写的送货地址，将数据信息传输至当地的储物仓，并由该城市储物仓发货，同城情况下最快半小时便可送达用户手中。

（四）"互联网＋金融"

伴随互联网的持续发展，在金融领域中可经常见到互联网的身影，一些金融机构正逐步实现互联网化发展，还有一些高尖精的互联网企业开始投入到金融领域中。金融机构通过开发互联网金融产品，增加了经济利益获取来源，为自身带来更高的经济效益，并且一些金融机构的社会信誉度较强，如中国五大银行，为广大人民群众拓展了金融投资的渠道，还为投资者提供了财产安全保障。例如建设银行利用计算机应用技术推出了手机建行 APP，用户在 APP 上不但实现了线上汇款、转账、缴费，还能在 APP 中购买理财产品、基金投资实物贵金属等一系列金融活动，让用户足不出户享受金融服务。大型互联网企业进入金融领域，在信用贷款方面，企业与银行开展合作，如阿里巴巴、腾讯、京东等利用大数据对用户个人资质进行分析，为其提供不同额度的信用贷款，这一借贷模式相对安全且放款速度快，适用于亟须用钱的用户。在金融融资方面，由于这一融资方式门槛低、灵活等特点，吸引了不少互联网企业建立线上众筹平台。

（五）"互联网＋医疗"

"互联网＋医疗"模式是医疗行业发展的新道路。以往的医疗行业里，绝大多数的患者需要到医院排队等候治疗，患者群体既不了解自身病理情况、排队人数情况，也不清楚医生资历情况等。但在"互联网＋"时代背景下，这些问题均可迎刃而解。患者通过登录线上医疗卫生平台，观察自身症状来对比平台上的病例，初步判断自身病情类型；或线上咨询医师，告知其病情症状，由医生为患者答疑解惑。同时，在系统上查询医生资质，选择对自身病情有帮助的医生，并根据医生排班情况、挂号人数，合理选择看病日期。患者也可借助线上平台与主治医师进行病后交流，避免病情反复发作。例如现如今的微信、支付宝等APP已建立了网上医疗服务中心，解决患者看病难的问题，实现了患者病前术后一条龙服务，为患者提供了极大的便利。

（六）"互联网+教育"

"互联网+教育"模式推动了教育事业发展的革新。教师借助互联网平台搜集到丰富多样的网络教学资源，再利用多媒体技术，将网络资源以图像和声音方式传递到课堂教学中，开阔了学生的眼界，并为学生提供了良好的课堂学习体验。同时，互联网企业通过开发在线学习软件，搭建线上学习平台，使各个学校均可借助相关软件、平台完成网上教学任务，实现了学生足不出户便可接受教育。除此之外，线上的职业培训不仅为我国提供了大量就业机会，还为社会市场带来了大量优质人才，教师将自身理论、技能以视频教学形式上传至平台上，学生可通过观看视频，不断巩固自身基础，提高个人技能。

综上，在计算机应用技术快速发展的今天，"互联网+各行业领域"的模式已成为必然发展趋势，还为各领域未来的发展提供了无限可能。在"互联网+"时代背景下，计算机应用技术必然会有十分光明的发展前景，因而要投入更多的精力和时间，对其应用实践加以研究和探索。

参考文献

［1］黄亮. 计算机网络安全技术创新应用研究［M］. 青岛：中国海洋大学出版社，2023.

［2］唐小健. 计算机应用技术与信息化创新研究［M］. 长春：吉林科学技术出版社，2023.

［3］苗苗. 计算机应用基础［M］. 北京：电子工业出版社，2023.

［4］李淑娣，鲁洋，傅正英. 计算机应用技术与创新发展研究［M］. 北京：中国华侨出版社，2023.

［5］何淑娟，邹晓莺，陈虹. 计算机应用基础项目化教程［M］. 北京：航空工业出版社，2023.

［6］潘宁，刘兆坤，张洁. 计算机应用基础项目式教程［M］. 北京：华文出版社，2022.

［7］张焱，李梦，麻冬茹. 计算机网络技术与信息化［M］. 哈尔滨：黑龙江科学技术出版社，2022.

［8］余萍. "互联网+"时代计算机应用技术与信息化创新研究［M］. 天津：天津科学技术出版社，2021.

［9］黄侃，刘冰洁，黄小花. 计算机应用基础［M］. 北京：北京理工大学出版社，2021.

［10］龚炳铮. 自动化信息化智能化的探讨与思考［M］. 天津：天津大学出版社，2021.

［11］孙超. 计算机前沿理论研究与技术应用探索［M］. 天津：天津科学技术出版社，2021.

［12］袁剑锋，郝昆，郭琳. 计算机应用基础［M］. 南京：南京大学出版社，2021.

［13］黄国敏，林喜辉，邓丽坤. 计算机应用基础［M］. 北京：电子工业出版

社，2021.

[14] 金秋萍，陈国俊，孙雪凌. 计算机应用基础 ［M］. 成都：电子科技大学出版社，2020.

[15] 刘音，王志海. 计算机应用基础 ［M］. 北京：北京邮电大学出版社，2020.

[16] 陈兴威，周红晓. 计算机应用项目化教程 ［M］. 哈尔滨：哈尔滨工程大学出版社，2020.

[17] 耿斌. 信息化背景下计算机网络与教育创新研究 ［M］. 西安：西北工业大学出版社，2020.

[18] 孙玉珍. 计算机应用基础 ［M］. 北京：人民邮电出版社，2020.

[19] 林斌，杜宜同. 计算机应用基础 ［M］. 北京：经济科学出版社，2020.

[20] 郭长庚. 计算机应用基础 ［M］. 郑州：河南人民出版社，2020.

[21] 陈友福. 计算机应用与数据分析+人工智能 ［M］. 北京：电子工业出版社，2020.

[22] 温爱华，刘立圆. 计算机与信息技术应用 ［M］. 天津：天津科学技术出版社，2020.

[23] 曾建成. 应用型计算机技术 ［M］. 北京：北京希望电子出版社，2020.

[24] 张福潭，宋斌，陈芬. 计算机信息安全与网络技术应用 ［M］. 沈阳：辽海出版社，2020.